Osprey Military New Vanguard
オスプレイ・ミリタリー・シリーズ

世界の戦車イラストレイテッド
16

クルセーダー巡航戦車 1939-1945

[著]
デイヴィッド・フレッチャー
[カラー・イラスト]
ピーター・サースン
[訳者]
三貴雅智

CRUSADER CRUISER TANK 1939-1945

Text by
David Fletcher

Colour Plates by
Peter Sarson

大日本絵画

目次 contents

3	設計と開発	design & development
10	技術的特徴	technical analysis
15	各型解説	variants
19	乗員	the crew
19	部隊配備後の評価	operational history
39	派生車両	variants
25	カラー・イラスト	
50	カラー・イラスト解説	

◎訳者覚え書き

「レジメント」の呼称について：16世紀にまで溯るイギリスの陸軍制度は、幾度となく改革を経てきたことによりきわめて複雑難解なものとなっている。その根幹を成すものは「レジメント」制であり、当初は「カーネル」が自費によって運営する兵力500人程度の兵団であった。いわば日本の武士団に近いものと考えるとよいだろう。メンズファッションには、「レジメンタル・タイ」というさまざまな独特の色柄をもつネクタイのコレクションがあるが、これは各「レジメント」のカラーや紋章を象徴としたものである。

　イギリスの戦車部隊の場合は、騎兵式の「レジメント→スクワドロン→トループ」の順に編制図を下る呼称を採用した。歴史の流れと共に戦争が大規模化するにつれ、とくに歩兵の「レジメント」は複数の「バタリオン」から構成されるようになった。そのため現在の陸軍編制では「レジメント→バタリオン→カンパニー」という階層構造が一般化している。これは訳せば「連隊→大隊→中隊」となる。

　混乱を生じたのは、戦車を装備するようになっても騎兵の「レジメント」が戦術単位としては「大隊」サイズのままであったことによる。歴史的に由緒のある呼称である以上、「レジメント」を戦術単位に則して「大隊」と訳すことはできない。そこで英戦車部隊の「レジメント→スクワドロン→トループ」の訳としては、大隊を抜いた「連隊→中隊→小隊」をあてることになっている。つまり約70両の戦車を装備する英戦車連隊は、ドイツ軍の戦車大隊と同規模なのである。ドイツ戦車連隊流の編制になじんでいると誤解しやすいので要注意である。

　本シリーズの翻訳にあたっては、尊称ともいえる各戦車レジメントの名称を「　」でくくり、それが部隊であることを示すために原表記にはないがあえて連隊の呼称を付してある。また、「第13／18軽騎兵」連隊のように、ひとつの部隊でふたつの番号を併せ持つ部隊があるが、これは部隊の統廃合により騎兵連隊の通し番号がひとつにまとめられたものである。

◎著者紹介

デイヴィッド・フレッチャー　David Fletcher
1942年生まれ。30年以上にわたって第一次、第二次大戦の英国装甲車両発達史を研究。これまでに軍事を主題とした多くの記事を発表し、著作をものする。また、ボーヴィントンの「タンク・ミュージアム」の館長を務める。

ピーター・サースン　Peter Sarson
世界でもっとも経験を積んだミリタリー・アーティストのひとりであり、英国オスプレイ社の出版物に数多くのイラストを発表。細部まで描かれた内部構造図は「世界の戦車イラストレイテッド」シリーズの特徴となっている。

クルセーダー巡航戦車 1939-1945
CRUSADER CRUISER TANK

design & development

設計と開発

　新型戦車の開発には、つねにいくつもの要素が影響を及ぼしている。それらはどれひとつとっても単純なものではなく、また相互に複雑に関連しているのだ。設計の概要が固まったところで、こんどは新たな要素が問題となり始めるのであり、開発当初のコンセプトはさらに変更を強いられるのである。その結果、最終的にできあがったものは設計原案とは大きくかけ離れてしまうのだ。カヴェナンターとクルセーダーの開発は、まさにその一例である。

A13シリーズ（カヴェナンター）
The A13 Series （Covenanter）

　ウェイベル将軍のロシア視察団による報告を基に、1937年にイギリス陸軍は、奇才のアメリカ人発明家である、ウォルター・J・クリスティーの考案した戦車用サスペンションの採用を決定した。これにより、参謀本部制式A13として認定された新型巡航戦車の開発 (訳注1)

訳注1：巡航戦車＝cruiser tank。第二次大戦当時のイギリス軍は戦車のカテゴリーを、歩兵戦車（＝infantry tank）と巡航戦車のふたつに分類していた。歩兵戦車は文字通り歩兵攻撃に随伴し、敵戦線に突破口を穿ち重装甲の低速戦車。突破追撃用の巡航戦車は、装甲を薄くして重量を抑え快速性を重視したものであった。このふたつの分類は、装甲・火力・高速の三拍子を備えた16トン中戦車の開発構想が葬り去られたあと、政治的な妥協として陣地突破戦車派と快速機動派の両方を満足させるために作られたものであり、当然、実戦で問題を生じることになった。

カヴェナンター試作車であるT1795号車。溶接構造式車体にウィルソン操向変速装置を搭載したもの。同車はのちにメリット・ブラウン式変速機のテストに用いられたが、最期は戦車回収訓練の故障車役としてその使命を終えた。

クルセーダーの試作車であるT3646号車。網籠式エアクリーナーがフェンダー中央部に縦置きにされているのがわかる。サンルーフと呼ばれた砲塔大型ハッチは、全開位置にある。

が決定し、その設計と開発にはナフィールド卿(訳注2)の経営するバーミンガムのナフィールド・メカナイゼーション＆エアロ社があたることとなった。この戦車は1939年に配備となり、当時の基準からすれば快速で重武装であることを証明した。装甲防護力の面ではやや劣っていたが、これは機動力が重視された結果であり、それ自体が防護力の一部とみなされていたからである。

この間、1938年に陸軍省は重巡航戦車の開発を要請し、ナフィールド社はA16をもってこれに応じた。A16もクリスティー式サスペンションを備え、エンジンにはナフィールド・リバティーV12気筒の改良型が用いられた。また、一時は気鋭の戦車設計家であるウォルター・ウィルソンが開発した複雑な操向システムが搭載されもした。

成功作ではあったものの、新戦車の調達価格が高額になるのはあきらかだった。そこで1939年2月、機械化局に対し、より軽量で安価な車両を開発することが要請された。その結果として「A13 MkⅢ」もしくは「巡航戦車MkⅤ」より一般には「カヴェナンター」として知られる戦車が誕生した。ここで強調しておかなければならないのは、クリスティー式サスペンションをもつ原型戦車と同じ参謀本部制式A13の呼称が与えられていたものの、この戦車は厳密にいえば、重巡航戦車プログラムの一翼を担うものだったことである。

公式に求められたスペックは、主砲は2ポンド砲(口径40mm)、機関銃は最低でも1挺を装備、クリスティー式サスペンション、遊星歯車式操向装置、標準装甲厚30mmというものであった。ここで標準装甲厚に関して説明しておこう。簡潔にいえば、これは車体および砲塔の直立した部位の装甲板は、厚さ30mmを得なければならないということである。その一方では、直立した装甲板でなければ、この規定の厚さに達していなくともよいとされていた。これは傾斜装甲板であれば厚さがより薄くとも、垂直に置かれた30mm装甲板と同等の防護力を発揮することが判っていたからである。実際にこの等価条件を充たすには必要な要素がいくつもあるのだが、その原理の有効性に大きな影響をおよぼすものではない。とりわけカヴェナンターにおいては、この原理の適用が徹底的になされ、直立した装甲板はほとんど残されなかった。

この選択により戦車の全高を抑えることが設計上の命題となり、これはさらにふたつの設計上の特徴へと導かれることになった。第一はサスペンションのコイルスプリングの配置に関するものである。原型のクリスティー式ではトレイリングアームに対し垂直に置かれていたコイルスプリングは、カヴェナンターでは大きく傾けられた上で、サスペンションアー

訳注2: ナフィールド卿とは、自動車メーカーのモーリス・モーターズ社の創業者であるウィリアム・モーリス(1877〜1963)のこと。16歳で始めた自転車修理業を皮切りにオートバイ製造・自動車製造へと順次手を広げ、大量生産方式をいち早く採り入れて第一次大戦後のイギリスの自動車普及に大きな役割を果たした、立志伝中の人物である。自動車工業界の大立者として政官界に影響力をもっていたことは、本シリーズにみるとおりである。また莫大な財産を基にナフィールド基金を創設して慈善事業にも貢献している。

ムの前部延長部を形成するベルクランクにつながれていた。第二は高さの低いエンジンの採用であり、メーカーにはウルバーハンプトンにあるヘンリー・メドウズ社が選ばれ、出力300馬力の水平対向式12気筒ガソリンエンジンを生産することとなった。エンジンは、元々はA16用に開発された、変速機と操向装置を組み合わせたウィルソン式操向変速装置と結合された。また最終的に、装甲板の接合方法は、リベット接合ではなく溶接によっておこなわれることが決定した。これはイギリス戦車界にとって新たな飛躍であったが、その実現は各方面から疑問視されていた。かくして、大戦勃発の迫っていたこの時期に、イギリスは革新的な新戦車を手に入れようとしていたのである。

　だが、開発はまさにこのときから不協和音を響かせるようになっていった。設計原案を監査した参謀本部は、カヴェナンターのレイアウトを承認したものの、車体と砲塔の前面標準装甲厚を40mmへ強化するように、設計変更を求めてきた。戦車局はこれを受け入れたが、同時にこれに伴う重量増加は、サスペンションの耐荷重の限界に達するものと予測した。しかしここでは、サスペンション強化のための何らの動きもとられなかった。この間にも細部設計は推進され、エンジン開発はヘンリー・メドウズ社、砲塔開発はナフィールド・メカナイゼーション＆エアロ社、車体開発はロンドン・ミッドランド＆スコティッシュ・レイルウェイ（LMSR）社がそれぞれ受けもった。こうして完成した細部設計図が承認され、1939年4月17日に、LMSR社を生産メーカーとして100両の量産発注が下された。しかし、これは現実をまったく無視した決定であった、何しろこの時点に至るまで一両の試作車も作られていなかったのである。だが、戦争突入はもはや抜き差しならないものとなっており、いきなり設計図からの量産開始命令が、やむなく下されたのであった。軍当局は、問題点の洗い出しは試作車2両のテストをもってすれば充分であるとし、量産過程において逐次、その解決策を盛り込めばよいと判断していた。しかし、この判断は誤っていたのである。

　カヴェナンターにおいて、もっとも興味を抱かれかつ懸念された特徴は、冷却システムのレイアウトにあった。メドウズ社製エンジンの高さは、要求をクリアーする低いものであった

工場で組み立て中のカヴェナンター。二重構造の車体側面装甲と補強用鋼管の配置が見てとれる。戦闘室などの各コンパートメントの区分は歴然としており、後部の変速機区画にはすでにハッチが装着されている。

カヴェナンターMk I の上面。砲塔ハッチは開放され、また各種の収納箱が装着されている。砲塔右側面の長いものはブレン軽機関銃用の対空機関銃架を収納するもの。

が、高さが縮められた分、幅が広くとられた設計となっていた。このため従来のように、機関室内もしくはその近くにラジエーターを置くことができなかったのである。そこでラジエーターは車体前部、操縦手区画の左隣に置かれることになった。この異例の冷却システム・レイアウトは当然、効果に疑いを招く結果となり、ウーリッジ工廠にシステムのモックアップが作られ、各種状況を想定しての運転試験が実施された。1939年9月、量産プログラムへのイングリッシュ・エレクトリック社とレイランド・モーターズ社の2社の参加が決定し、250両が追加発注された。

今度はその1カ月後、試作初号車を製作していたLMSR社から、車体の溶接接合という傑出したアイデアに関して疑問の声があがった。同社は現状では何らかの対策を講じて完成を期するとしても、熟練溶接工の不足がこの先問題になるのは容易に予見できると指摘した。ついに、同社の推奨した代案であるリベット接合式への変更は承認される結果となり、これに伴う重量増加は約102kgと見込まれた。

原案では、溶接作業をたやすくするために、装甲板は積層装甲（二層構造）とされていた。これは内面となる装甲板には高品質鋼板、外面には均質圧延装甲板を用いていた。こうすることで高品質鋼板どうしが溶接されることになり、熱による装甲板の品質劣化を防ぐことができたのである。しかし接合方式がリベット式に変更されたことで、装甲板を装着するための内装フレーム材が新たに必要となった。だが、積層装甲板の使用に変更はなかった。

量産開始を前にして、さらにふたつの重大な設計変更が行われることとなった。その第一は転輪である。初期のA13巡航戦車では軽量化を目的にアルミ合金製のものが採用されていたが、戦争の進展とともにアルミは航空機量産に必要とされたことから、プレス鋼製のものへ変更されたのである。これによりさらに重量は増加することとなった。第二は、複雑な機構をもつウィルソン式操向変速装置に関するもので、その生産の難しさから、戦車の量産にあわせての装置の供給を疑問視する声があがったのである。そこでA13にも用いられて実績のあるメドウズ社製四速変速機（歯車褶動式）に変更して、その左右の出力軸にウィルソン式遊星歯車式操向装置を組み合わせることが合意された。この変更によりさ

訳注3：戦車用の操向（ステアリング）装置は、左右各出力軸への動力の断続と制動で旋回を図る。もっとも原初的な「クラッチ&ブレーキ式」に始まる。しかし、この方式では旋回時の諸操作が難しいために、続いて考えられたのが左右各出力軸へ変速ギアとブレーキを組み込んだ「ギヤード・ステア式」であった。これで旋回性能はいくぶん改善されたが、制動された側の動力は一部が反対側で再生されるだけであり低速小旋回時のパワーが不足した。カヴェナンターのメドウズ・ウィルソン式変速操向装置とクルセーダーのナフィールド・ウィルソン式変速操向装置はこのタイプに属する。大戦中でもっとも進化したのは、操向装置にディファレンシャル機構を組み込んだ動力再生式の「コン

クレーンで吊り上げられたクルセーダー、バーミンガムのナフィールド社工場での撮影。負荷が減り延びきったサスペンションや、ショートピッチの履帯、二枚合わせ式の起動輪といった細部がわかる。

〝トロールド・ディファレンシャル式〟で、旋回半径を多く選ぶことができ、また制動された側で失われた動力は反対側で再生されるので、低速時により素早い旋回が可能となった。本文中ではウイルソン式(英国の動力再生式原理考案者)とされているA16重巡航戦車用のメリット・マイバッハ式操向装置、カヴェナンターでテストされた、変速機と操向装置を完全一体化したメリット・ブラウン式変速操向装置はこのタイプにあたる。超信地旋回と呼ばれるニュートラルギヤで左右履帯を逆転させてその場での全周転回ができるのは、この方式だけである。クロムウェル以降の英戦車はすべてこの方式となり、戦後戦車の変速操向装置の主流として改良進化を続けた。

らに改修の必要な個所がうまれた。原案のレイアウトでは、変速機コンパートメントの換気用として大形ファンの装着が図られていた。しかし量産車で実際に使えたのは小形のものとなり、冷却能力が落ちたのである。

そうこうして完成したカヴェナンター試作初号車は、1940年5月21日にクルーのLMSR工場から、ファーンバラの機械化実験局(MEE)へと送り出された。ガバナーを外したエンジンによる予備試験では、最高速度37マイル/時(59km/h)を記録し、また16トンの車重に対してサスペンションが満足できる機能を発揮することが証明された。続く1000マイル(1600km)走行試験でも、全溶接式の車体には、これといった構造的欠陥は認められなかったのである。1940年10月、試作初号車はサリー州ブルックランズにあるトンプソン&テイラー社に運ばれ、ここで試作のメリット・ブラウン式変速機が搭載された(訳注3)。計画はカヴェナンターの後期量産分への同変速機の使用を狙ったものであったが、結局、実現することはなかった。1940年9月、試作2号車がファーンバラへと到着した。報告書によれば、冷却能力は初号車よりも大幅に劣ったとされている。

カヴェナンターの設計が承認された直後の1939年初めに、軍需省はナフィールド・メカナイゼーション&エアロ社に対して、量産プログラムへの参加を求めてきた。しかし、ナフィールド卿の政治的影響力の強さを暗示するかのように、卿自身による参加拒絶は当局の承認するところとなると同時に、同社の出した代替設計案に承認が下された。ナフィールド卿によれば、同社はまったくの新設計の戦車の量産を手がけるよりも、A13の改良型の完成に努めるほうが賢明だというのが拒絶の理由であった。実際、時が立ってみると、事態は卿が唱えたとおりになった。参謀本部によりA15として認定されたこの戦車は、巡航戦車MkⅥとなり、のちにはクルセーダーの名で広く知られるようになったのである。

クルセーダー試作車
Crusader Prototype

外観的にはカヴェナンターに酷似していたものの、クルセーダーは出力340馬力(1500回

転)を発揮する、排気量27リッターの改良型リバティーV12気筒ガソリンエンジンを核として作られたものであった。同じエンジンはナフィールド社が先に手がけたA13巡航戦車にも用いられている。また巡航戦車の常で、クルセーダー原案では従来の方式に替えて、圧搾空気式エンジン始動装置の採用がうたわれていた。しかし、以後この装置に関してふれた記述はまったく残されておらず、廃案になったものと思われる。操縦手区画の左隣の区画はBESA機関銃を備えた副砲塔用にあてられていた。

　主砲塔にはカヴェナンターと同じ設計のものが用いられた。砲塔と車体前面の標準装甲厚は40mm、それ以外は30mmとされたが、契約では車重を陸軍の標準型架橋の耐重量である18トン以内に抑えることが明記されていた。履帯は重量の分散と接地圧の低下に大きな役割をはたしているが、これにはまた転輪の直径と数も関係している。A15の場合、増加した車重を受け止めるために、転輪を左右各1個増設することが認められた。機構をできるだけ簡素なものとするために、ナフィールド社はクラッチ＆ブレーキ式操向装置の採用を望んだ。しかしながら、この原始的な方式はクルセーダーには荷がかちすぎたため、かわりにカヴェナンターの操向装置が用いられることになったが、変速機はA13と同じコンスタントメッシュ（常時嚙合）式（原文ママ）のものに変更された(訳注4)。実際のところ、カヴェナンターとクルセーダーのふたつの戦車には、可能な限り搭載諸装置を共有化することが合意されていた。

　開発着手が遅かったにもかかわらず、クルセーダー試作車は、1940年4月9日にファーンバラの機械化実験局へと届けられた。これはカヴェナンター試作車に先駆けること実にまる6週間という早業だった。テストの結果、冷却能力の不足が問題とされたが、これはすべての新型戦車がもつ欠点でもあった。実験局は操縦装置がバーハンドル式であることが、意図した方向と逆に車体が向く、リバースステアリングを発生させる原因になるという理由で、これを嫌った。クルセーダー量産型ではこれはレバー式に変更されたが、カヴェナンタ

右頁●カヴェナンターMk I とクルセーダーMk IIIの装甲板構成の比較（＊）。1/48スケールの原図から縮小したもの。
（＊訳注：図中、I.T.で示される値は金属材料の耐衝撃性を表している。測定はイゾッドテストによる）

訳注4：変速機そのものは、ギヤを嚙ませるために操縦手による入出力軸の回転数合わせが必要な選択摺動歯車式（クラッシュ・ギヤボックス）から、より操作の簡単な常時嚙合式（コンスタントメッシュ）へと進化した。選択摺動歯車式では回転数が合わないと、ギヤ欠けなどのトラブルの原因となった。

初期の試験におけるカヴェナンター3両。砲塔にはいまだ未装着の部品があり、完成には至っていない。2種類ある主砲砲盾と、ラジエーターの冷却ルーバーのデザインが違うことに注意。

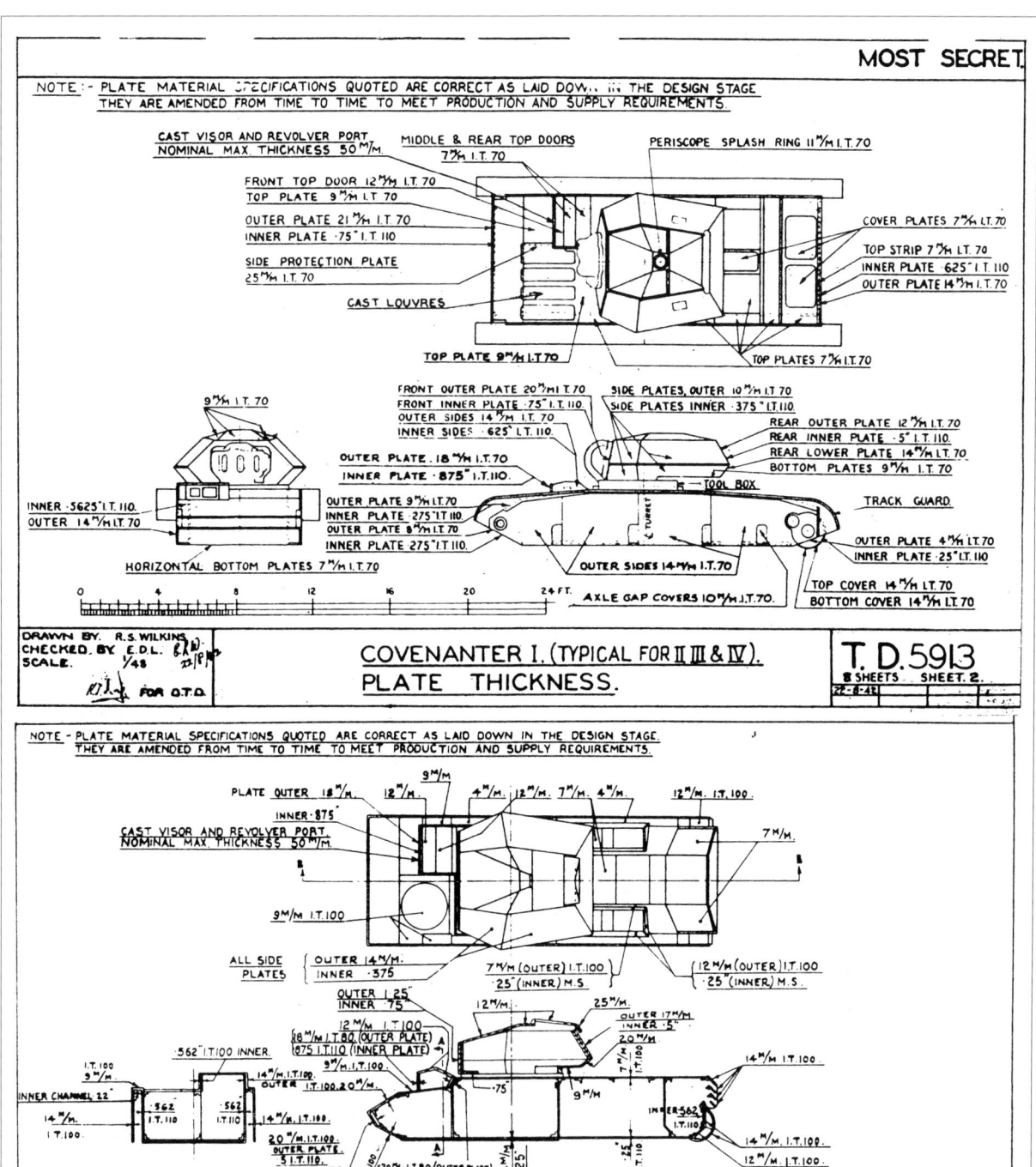

ーではバーハンドル式のままであった。1940年11月、試作車はドーセット州ルルワース射場へと運ばれテストに供された。

　平時ならばこの時点で、クルセーダー試作車はお役ご免になっていたことであろう。しかし、1941年、試作車の存在は、ある重要な事情からふたたび表舞台に浮上することとなった。救いの手となったのは、ロールスロイス社が、スピットファイア戦闘機を初めとするイギリス戦闘機に装備されてその優秀さを知らしめたV型12気筒マーリン航空機エンジンを、戦車用に改設計したことであった。クルセーダー試作車はロールスロイス社へと送られ、公式にミーティアと呼ばれるようになったこのエンジンを取りつけられた。

　試作段階で施されたさらにふたつの改良について、触れておかねばなるまい。カヴェナンターの設計で特徴的だったものに、操向装置の遊星歯車とブレーキ装置の作動に圧搾空気式システムが採用されたことがあげられる。クルセーダーでは油圧式作動システムが当初検討されたが不調であり、そこでカヴェナンターのアレンズ社製の圧搾空気式システムへと変更された。しかしこの装置による操縦はステアリングの利きが強烈なため、とくに路上での運転が危険なものとなった。対応策として、利きをいくぶん和らげるために空圧調整バルブが追加装着された。

　また、カヴェナンターとクルセーダーの両試作車とも、操縦手は箱型装甲天蓋の下に位置し、その右側には操縦手自身が射撃操作するBESA機関銃が装備された。テストの段階で、この配置が不合理であることが判明した。機関銃の機関部と弾薬は、すでに操縦手にとっては狭苦しいこの箱型装甲天蓋の内部容積をさらに狭めただけでなく、ひとたび射撃すれば立ちこめる硝煙が耐え難いばかりか、ガス中毒による昏倒の危険すらはらんでいたのである。量産車では機関銃は撤去され、このあとに操縦手が緊急時の最後の手段として使うためのピストルポートが設けられた。

technical analysis

技術的特徴

　これまで出版された書物では、クルセーダーはカヴェナンターの改良型であるとか、少なくともカヴェナンターの開発を引き継いだものとみなされることが多かった。しかしそうした見解は事実と異なる。このふたつの戦車は同時期に平行して開発が進められた別物なのである。クルセーダーとカヴェナンターの開発契約は時を同じくして締結され、そのどちらにおいても試作を経ることなく量産へと進められた。その結果、戦車の細部開発は生産の途中で随時決定されることとなり、諸種雑多な特徴が入り混じるものとなったのである。

　ふたつの戦車の車体の形状と構造に関しては前章で述べた。車体下部側面の構造は2枚の装甲板でサスペンションを挟んだサンドイッチ式である。他のイギリス戦車と同様、遊導輪は車体前端におかれ、カム式の履帯緊張装置がつけられた。転輪は、直径32インチ(81.3cm)のプレス鋼製皿型のものを二枚あわせにした複列式で、外周のゴムタイヤ部は穴あき式のものであった。初期型の一部には転輪のハブキャップに円形カバーがつけられていたが、これはのちに廃止された。どちらの戦車もともに第1転輪と最終転輪には、ニュートン社製のショックアブソーバーが装着された。起動輪は車体後端におかれ、歯数20枚のダブル式であった。履帯はピッチの短いもので、履板は可鍛鋳鉄製のセンターガイド付きで

中東戦域で撮影されたクルセーダーMk I。フェンダー側面の泥除けは初期のもので、クルセーダーとしては珍しく幾何学パターンの迷彩を施している。小砲塔と、砲塔前面の砲手用視察スリットの補強枠が、Mk I の証明である。

あった。履板の結合はドライピン式で、クリスティーの好んだマルチヒンジ方式がとられた。

操縦手席の装甲天蓋は周囲が傾斜した箱型の小さなもので、車体右側に位置した。その天井部には前後観音開き式のハッチが設けられ、前部には防弾ビジョンブロックと装甲カバーの装着された小型ドアが備えられた。ドアの右側にはピストルポートが設けられており、開閉は簡単なレバー操作によりおこなわれた。クルセーダーとカヴェナンターのどの型式でも、この装甲天蓋の右側面には視察スリットがあけられていた。理由はあきらかではないがカヴェナンターMk II だけは、左側面にも視察スリットが開けられている。

装甲天蓋の左隣には、カヴェナンターでは鋳鉄製の大型装甲カバーがつけられた4個のラジエーター用通気スリットが設けられていた。内部におかれた2基のラジエーターは、砲塔旋回用モーターによって駆動されるサクションファンにより放熱機能をえていた。クルセーダーではこの個所には円筒形の小型砲塔がおかれ、望遠照準機付きのBESA機関銃1挺が装備された。この砲塔の旋回操作は手動式で、150度の範囲をカバーできた。天井部には銃手が何とかしてくぐり出られるだけの大きさの、一枚式ハッチが設けられていた。

クルセーダーとカヴェナンターは同じ設計の砲塔を使用した。側面が角張った独特の砲塔形状は、全高を下げるのに役だっただけではなく、とあるクルセーダー擁護論者によれば、砲塔乗員の作業能率を高める効果があったという。この当時、車長用キューポラは好まれておらず、砲塔天井の後半部は大型の一枚ハッチとして使われ、複数の連結アームによりいったん上方に持ち上げられて後方へとスイングする開閉機構がつけられていた。この開閉機構にはトーションバーが組み込まれていたので、重さの釣り合いがとられていて開閉操作は楽であった。だが逆にハッチがひとりでに動きだして乗員が負傷する危険があったので、戦車兵ハンドブックには、ハッチ開放時には確実に固定することがことさらに強調されていた。

防盾は、初期型では半内装式の鋳造製の複雑な形状のものが用いられた。後期型では装甲を強化したバルバス（球状）型防盾が採用され、これには3個のスリットが設けられていた。スリットは（車内から見て）左側から、照準機、2ポンド砲（近接支援型では3インチ砲）、BESA機関銃用で、さらにその右側には防盾から独立して、発煙弾発射用の2インチ爆弾投射機用のマウントが設けられていた。

砲塔天井には2基の旋回式ペリスコープがあり、それぞれ車長用と装填手用とされてい

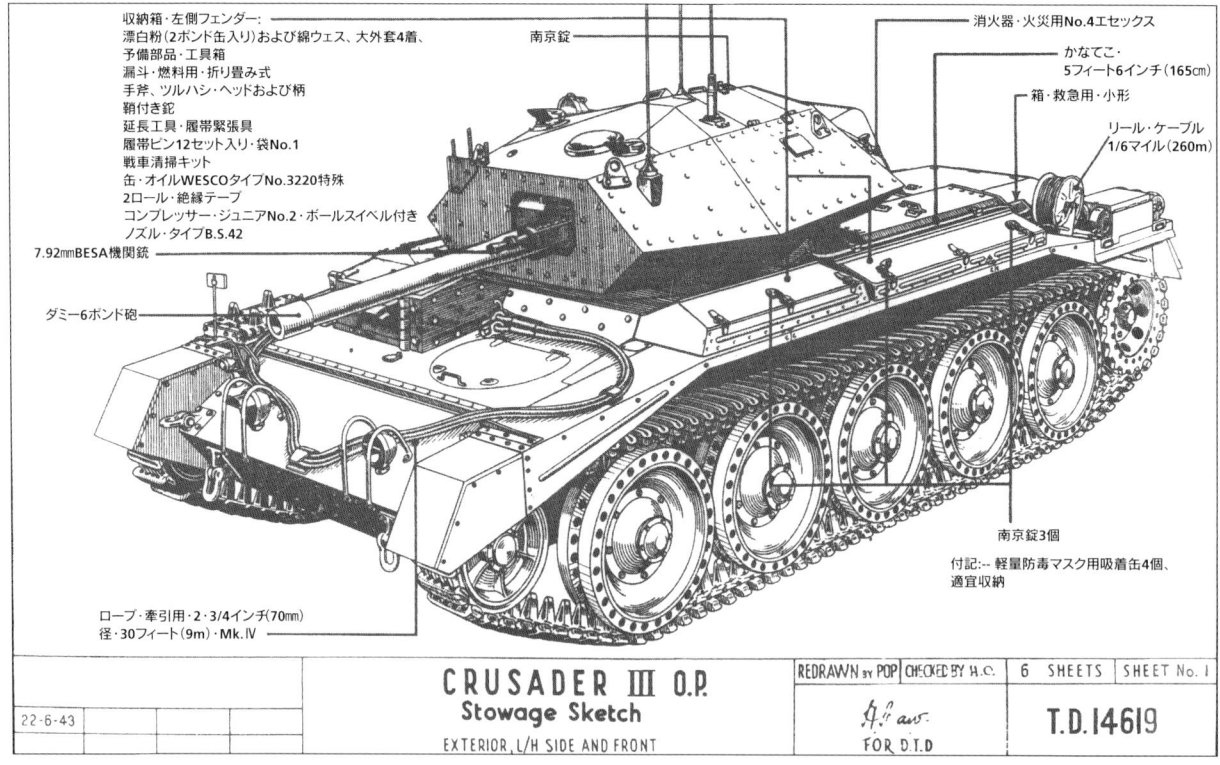

クルセーダーMk III 観測戦車（OP）の車載装備表。イラストには観測戦車の特徴であるダミー砲身、無線アンテナ、無線機遠隔操作用のケーブルリールが示されている。

た。砲手用には、砲塔前面左側に視察スリットが与えられていた。無線機用のアンテナマウントは2基設けられていたが、旧式のNo.9無線機が装備された場合には、1基だけが使用された。砲塔側面にはトリプレックス製防弾ビジョンブロックをカバーする、ヒンジ付き小フラップが左右それぞれに設けられた。また右側面にはスポットライトが装備され、砲塔後面には通常はプラグで塞がれた、砲身交換時の抽出作業孔が設けられていた。

カヴェナンターに用いられた初期の砲塔の一部には、後部に飲料水用タンクが設けられており、車外から充填された。しかし、トラブルが多く実用性に乏しいため、後期型では戦闘室内に飲料水コンテナ用のラックがおかれることで代用された。部隊配備となったカヴェナンターとクルセーダーでは、砲塔後面に収納箱が設けられ、その他のコンテナが両側面に装着された。また、多くの戦車には折り畳み式のレイクマン機関銃架が装備され、車長がブレン軽機関銃を対空射撃に使うのに用いられた。取り外された機関銃架は、砲塔右側面の長い道具箱に収納された。

エンジンおよび燃料システム
Engine and Fuel System

カヴェナンターに搭載されたメドウズ社製DAV型エンジンは、水平対向、オーバーヘッドバルブ（OHV）式の12気筒エンジンで、シリンダーボア径は115mm、ストロークは130mm、総排気量16204ccであった。ガバナーによる回転上限である2400rpmでの出力は300bhpであり、路上最高速度は31マイル／時（50km/h）にまで達した。動力はボーグ＆ベック社製ツインプレート式クラッチを介してメドウズ社製変速機（前進四速および後進）に伝えられ、変速機出力軸にボルト止めされたウィルソン式二速遊星歯車式操向装置へと導かれた。ここから出力はブレーキドラムと最終減速装置とを経て、起動輪へと伝えられるのである。エ

ンジン・コンパートメント内には燃料タンク3基が設置され、2基はエンジン左右、残りの1基はエンジン下部におかれた。エンジンと変速機コンパートメントを覆う機関室デッキ装甲の厚さは7mmである。2基の網籠型エアフィルターは機関室デッキ上に横置きで並列におかれ、側方排気式のマフラーは左右フェンダー上に縦置きにされた。

　クルセーダーに搭載されたエンジンは、その原型をアメリカ戦時局標準の12気筒航空エンジンに発するもので、第一次大戦中にイギリスに渡されリバティーと命名されたものである。ナフィールド・リバティー Mk Ⅲ エンジンは、バンク角45度のV型12気筒エンジンで、シリンダーボア径は127mm、ストロークは177.8mm、総排気量27040ccであった。ガバナーによる回転上限である1500rpmでの出力は340bhpであり、最高速度は27.5マイル／時(44km/h)にまで達した。戦車用エンジンとしてのリバティーの問題点は、鋳鉄製シリンダーが別個に本体にボルト止めされたその構造にあった。これに関しては、あとで詳しく述べる。

　エンジン出力はカヴェナンターと同様、エンジン後部の多板式クラッチを介してナフィールド社製コンスタントメッシュ式変速機へと導かれ、そこからウィルソン式操向装置を経て最終減速装置へと送られた。燃料タンクはエンジン・コンパートメント内の左右におかれ、タンクとエンジンの間にはラジエーターが直立位置で配された。機関室デッキのルーバーから冷却気を引き込む2基の冷却ファンは、エンジン・コンパートメント後部のバルクヘッドに装着されていた。クランクシャフトからの駆動出力は、むき出しの複列ローラーチェーンによってファンに伝えられ、ギアによりエンジン回転速度の2倍に加速された。砂漠戦域ではこの機構が故障続発の原因となったため、後期型ではシャフトドライブ式に改められた。クルセーダーでは排気管はまったく隠されている。エンジン両側面のマニホールドから延びる排気管は、くねりながら変速機の上を越えて、車体後面ルーバーの内側で終わっていた。初期のクルセーダーでは、蛇腹型エアクリーナーが左右フェンダーの後端におかれたが、これはすぐにオイルバス(湿式)タイプに変更された。

　双方の戦車とも、エンジンで駆動される空気ポンプが装備され、操向装置とブレーキシステムに圧搾空気を供給した。油圧ポンプによる出力は砲塔の動力旋回に用いられた。敵戦車との戦闘においては行進間射撃でこれを撃破するとした当時のイギリス軍の戦車戦闘法に則って、砲の高低射界の調整は肩付け式により砲手が身体を屈伸させておこなった(訳注5)。車内の通話方式は、インターカムが組み込まれたNo.19無線機の採用以前は一方向のものであり、車長の命令はタンノイ製スピーカーで拡声されて、各乗員がこれを聴くという状態だった。

初期型
Early Production Models

　明らかに、量産初期の生産車両というものは、いまだ試作車にきわめて近い段階にあり、機械として完成されるにはまだいくつもの問題を解決しなければならないものである。次に述べる事例は、初期のカヴェナンターとクルセーダーにまつわる出来事と、当時の関係者の興味深い対応ぶりを物語っている。

　対象となるのはカヴェナンターT15297号車で、これはイングリッシュ・エレクトリック社

スタンド上に置かれた砲塔。外面装甲板を止める円錐形ボルトは、銃弾を跳ねることを考慮して採用された。サンルーフは半開位置で、砲盾は旧型のものである。側面の円筒形の張り出しはオリジナルのアンテナポスト。

訳注5: やはり行進間射撃を身上とする現在のMBTが、各種センサー、コンピューター、電気モーターを組み合わせたジャイロスタビライザー(砲安定装置)でこなしているてることを、人間の技に担わせようとしたわけである。

クルセーダーMkIIIの上面。砲塔のマーキングはルルワース砲術学校のもの。観音開き式ハッチ、ペリスコープ配置、円形ベンチレーター、発煙弾発射孔など、MkIIIの特徴がよくわかる。

が完成させた量産第1ロットの1両で、ルルワースの砲術学校に送り出すためにウール駅まで鉄道輸送されてきたものであった。日付は1941年1月2日のことで、天候は雪混じりで寒かった。しかし、実験担当将校の記録によれば、ボーヴィントンの操縦・整備学校に送られる予定の他の1両も含めて、2両の戦車には貨車輸送中、シートが被せられていなかったとされている。こうしたシート掛けによる保護は天候を考えれば当然の要求であるのだが、まさしく驚くべきことは、いまだ軍事機密扱いを外されていないまっさらの新型戦車が、スタッフォードシャーからドーセットまでの道程を、衆人監視のもとに運ばれたという事実にあった（訳注6）。そのことよりも現場にいた関係者を困らせたのは、バッテリーが上がっていたために、戦車を動かせないという事実であった。しかも、これが関係者が初めて眼にしたカヴェナンターであるにも関わらず、取扱説明書がまったく添えられていなかったのである。さらに戦車に当然搭載されているべき諸工具と装備は、まったくその姿が無かった。

それでもルルワース砲術学校は、どうにかしてこの戦車を動けるようにしたようで、その証拠に、「以前にテストしたクルセーダーと同様、射撃プラットフォームとして同戦車は優秀な成績を示した」との報告をおこなっている。同時に砲術学校はカヴェナンターの欠点として、砲塔フロアーの大きさが砲塔リング直径に比してかなり小さいため、砲手の着座姿勢がきわめて無理なものになることと、車長が砲塔旋回時に脚を挟まれる危険のあることを指摘している。

また、戦車に装備されたトリプレックス視察装置のサイズがまちまちで規格統一されていないこと、諸装置へのアクセス性が悪く、整備が面倒で長く時間のかかるものとなることも指摘された。さらに、圧搾空気システムの破損に対する懸念も明らかにされ、わずかにパイプに破れ目ができるだけで戦車が走行不能になることが指摘された。このリスクは同じシステムをもつクルセーダーでも同様であった。

冷却能力の低さにも関わらず、慎重に操縦する限りとくに問題が起きることはなかった。しかし、実戦を考えればこれは明らかに非現実的な対処法であった。いずれにせよ、冬

訳注6: いわゆるスパイ活動は戦争勃発のはるか以前から、工作員を相手国に潜入させること等で開始されている。ドイツも英国に工作員を配していたわけで、最新鋭戦車がカバーを掛けられずに運ばれたというのは、軍法会議ものの不祥事にあたる。

のルルワースは夏のエジプトと環境が異なっていたのである。最後に、距離を置いてみた場合、戦車の見かけの大きさが実際よりも小さく目に映ることが、欺瞞効果ありとして良い評価を与えられている。だが、砲術学校は早くも40mmの基本装甲厚に不満を示しており、とくに航空攻撃による戦車の損害事例報告に基づき上面装甲が薄すぎるとの判定を下した。

variants
各型解説

カヴェナンターMkⅠ、MkⅡ、MkⅢ、MkⅣ
Covenanter Mk.s I, II, III & IV

カヴェナンターには4つの生産型が存在し、それぞれに近接支援型(CS)が作られた。「カヴェナンター取り扱い説明書」の新版では、すべての型が温帯気候での冷却には問題が無く、また最新の型には熱帯での使用を考慮した改良がなされるであろうと強調されている。しかし、他の証拠はこの主張が事実無根であることを示している。英本土で行動中のカヴェナンターの写真を子細に調べると、ラジエータールーバーのカバーの形状にあきれるほど多くのバリエーションがあることに気づかされる。これは問題解決のための対策が延々

煙幕の中から飛び出したカヴェナンター。カメラへと真一文字に砲口を向けたその姿は、あたかもパワーと不撓の攻撃精神を象徴するかのようだ。広報用に頒布されたこうした報道写真は、見てくれは良いが実力を欠くこの駄作戦車に、国民的人気を与える結果となった。

と続けられたことを示すものである。

　初期の生産車には整備所において、多管式オイルクーラーがラジエーターの上に改修装備された。この改修を受けたものはカヴェナンターMkⅡと呼ばれた。続いて新たに生産されたのがMkⅢで、オイルクーラーはエンジンの両側に装着され、改良型クラッチと改良パターンのラジエータールーバーが採用されていた。MkⅢでのもっとも顕著な外観の変更

は機関室デッキにあり、ここが識別点である。新型のポット型エアクリーナー2基が車体中央寄りに装備され、マフラーはフェンダー後端におかれ排気は後方へと出された。最終生産型であるMkⅣは、MkⅡ仕様で新たに生産されたものに、MkⅢの特徴であるクラッチの変更とその他の変更をもりこんだものであった。

クルセーダーMkⅡ、MkⅢ
Crusader Mk.s Ⅱ & Ⅲ

　巡航戦車MkⅥAもしくはクルセーダーMkⅡと呼ばれる戦車は、装甲強化型として生産途中から盛り込まれたものである。変更は砲塔および車体前面装甲の外部装甲板を厚くすることで実施された。車体前端部ではMkⅠに比べて6mm、砲塔前面では10mm、砲塔天井と側面では3mmから4mmの装甲強化が図られた。しかし、MkⅡの仕様変更は小砲塔の撤去を指示するものではなく、MkⅠとMkⅡの両方で小砲塔を装備したものと撤去したものとが確認できる。MkⅡを確実にMkⅠと区別するポイントは砲塔前面にあり、MkⅠでは砲盾左側の砲手用視察スリットが、基本装甲板とは別材の補強枠で強化されているのがはっきりとわかる。これに対してMkⅡではこの部分はフラットで、補強枠は付けられていない。またMkⅡでは砲塔前面装甲板の左右コーナーが、わずかに削られている。これは装甲が厚くなった分、小砲塔や操縦手用装甲天蓋と干渉するようになったための措置である。

　1942年になるとさらなる装甲強化が図られ、規定の寸法にカットされた14mm厚の増加装甲板が車体前面上部や戦闘室前面などに溶接された。この改修はMkⅡ用として認定されているが、実際には最終型のMkⅢで実施されていることが多い。進化を続けるドイツ戦車と歩調を合わせるために、既存のイギリス戦車の主砲を強化する必要があることは、すでに1940年の段階から一部で認識されていた。これに適した6ポンド（口径57mm）砲はすでに完成しており、問題はこれをどの戦車に装備するのかということにあったのである。砲に合わせた新戦車が設計される間、既存の三戦車の改良案が検討され、その候補のひとつにクルセーダーがあげられた。チャーチルの砲塔を搭載する案は早期に否決されたが、こうした改良は無効であるとする公式見解ができてしまったために開発は一気に頓挫した。かくして1941年9月、軍需省によるモックアップ披露が迫った時点で、改良モデルを事前検分したナフィールド社の技師たちはこれに駄作の判定を下し、6週間後には射撃試験に供することのできる自社案を完成させた。実際のところそれは新設計ではなく、クルセーダーの砲塔を改修して大型の砲を搭載可能にしただけのものであり、射撃は可能であったものの性能面では理想から程遠いものでしかなかったのである。

　改良型砲塔はオリジナルに比べて、わずかに全長が延ばされ全高もいくぶん高められていたが、基本デザインは同じであった。標準装甲厚は50mmに強化されていた。前面装甲板は垂直で中央には長方形の開口部が設けられ、内装式防盾が収められた。新型砲架は共軸のBESA機関銃をこれまでと反対の左側に配しており、発煙弾は砲塔天井の開口部から発射するように変更されていた。スイング式の一枚ハッチは、中央を境に左右に開く観音開き式に改められ、右側のハッチには車長用の旋回式ペリスコープが装備された。さらに2基のペリスコープが前部に配され、左前部のものの脇には同軸機関銃の硝煙を排出するための動力式吸い出しファンが設けられている。また砲塔両側面の小フラップからはトリプレックス社製視察ブロックが撤去され、ピストルポートとして使われることになった。

　射撃試験の結果、改良型砲塔はその有効性が確認され、クルセーダーMkⅢとして制式化され量産に移されることが1941年12月に決定し、初号車の引き渡しは翌年の夏に予定された。しかしこの改良は、戦車兵の困難を大きくするものでしかなかった。改良は新型

左頁上●演習で歩兵の手榴弾肉迫攻撃を受ける、第9機甲師団「第13／18軽騎兵」連隊B中隊所属のカヴェナンター。砲塔の前側面に描かれたイエローの十字マーキングは、対抗部隊（敵役）を示すもの。

左頁下●1942年8月、市街地偵察の基本隊形を示す、「近衛」と機甲師団第5「近衛」機甲旅団、旅団本部所属の2両のカヴェナンター。ウィルトシャー州ストックトンでの撮影。続く偵察目標は隣接するパブ「ザ・キャリアズ・アームズ」とすべきであろう。

砲の弾薬搭載スペースを稼ぐために小砲塔を撤去し砲手配置を変更しただけでなく、貴重な砲塔要員である装填手を奪ってしまったのである。これはつまり車長が装填手を兼任し、砲手が無線手を兼任しなければならないことを意味していた。5人乗り戦車として始まったクルセーダーはついには3人乗りとなってしまったのであり、これによる乗員個々への負担増は大きなものとなったのである(訳注7)。

訳注7：兼任の増える3人乗り戦車は、戦闘能力を低下させるだけでなく、さらに整備、弾薬補給、野営時の警備などで個々の戦車兵の作業負担を倍加させることにもなった。

the crew

乗員

訳注8：海と同様、方位を判断するのに参照すべき地物がない砂漠では、操縦手にコンパスが必要であった。現在はGPS（全地球測位システム）がその代わりとなっている。

訳注9：英国戦車の2ポンド砲には、弾種が徹甲弾しか用意されていなかった。榴弾による敵火点の攻撃、発煙弾による本格的な煙幕の展張は、近接支援戦車（CS）の任務である。

左頁上●砂漠での試験に供されるカヴェナンター。ピンボケ写真ではあるが、これが同車独特のサンドシールドと擬装ネットを収めるクルセーダー式の砲塔収納箱を装着した事実を示す、ただ1枚の現存写真。

左頁下●3インチ榴弾砲を装備したクルセーダー近接支援戦車。同車の迷彩パターンは砂漠用の典型的なものだが、右隣の車両は異なったタイプの迷彩を施している。これらは「王立グロスターシャー軽騎兵」連隊の所属車の特有のものである。

　操縦手配置の諸装置は、細部がやや異なるもののカヴェナンターとクルセーダーでほぼ同じ形式がとられた。操縦装置はカヴェナンターではバーハンドル式であるが、クルセーダーではレバー式であった。操向変速装置のレイアウトが異なるために、カヴェナンターではアクセルペダルがクラッチとブレーキペダルの間の中央、クルセーダーではブレーキペダルの右側に位置した。ピストルポートは両車で異なる方式のものが用いられた。また、クルセーダーには、ギア・シフトレバーの向こう側にコンパスが取りつけられている(訳注8)。

　クルセーダーの初期型には小砲塔が搭載され、機関銃手は砲塔と一緒に回る小さなサドルに腰掛けて、これ以上はない不快感を味わいながら配置についた。BESA機関銃用の弾薬箱は銃手の前方におかれ、小砲塔の旋回ハンドル操作は左手でおこなわなければならなかった。天井のハッチを閉じると外部の観察手段は機関銃の照準眼鏡だけであった。とりわけ砂漠戦域において、この小砲塔への配置に伴う困苦ははなはだしく、多くの小砲塔付きクルセーダーが機関銃手を乗せずに出撃している。

　2ポンド砲を備えた砲塔では、車長は、固定に信用のおけないハッチに頭を潰される危険を常に認識しながら、後部の無線機に手が届く位置に着座した。砲手は車長の左前方に位置した。戦闘中、砲手は立ち上がって戦闘動作をすることを好んだ。この方がより正確に照準をつけることが可能で、高低照準装置の肩当てに全体重をかけることができたからである。砲手と砲を挟んだ反対側には、装填手が主砲弾庫の上に位置した。装填手はまた、発煙弾発射機の装填と発射も任されていた。なお、2ポンド砲装備車の弾薬搭載数は約130発であり(訳注9)、3インチ砲を装備する近接支援型では、65発の発煙弾と榴弾（HE）が搭載された。

　6ポンド砲装備車では、砲手は砲の左側、車長兼装填手は右側に位置した。砲塔フロアーの直径は拡大され、装填手が大型の砲弾を扱いやすいように考慮されていた。搭載弾薬数は73発である。

　ふたつの戦車の生産数に関しては諸説が残されており、カヴェナンターの場合は概して17765両、クルセーダーの場合は少なく見積もっても5700両というのが、一般的である。

operational history

部隊配備後の評価

　カヴェナンターとクルセーダーの生産は、ほぼ平行するかたちで進められた。部隊への配備は1941年の夏に始まり、ここからふたつの戦車は異なった道を歩み始めたのである。すでに試験段階において冷却機能に問題ありとされたことから、カヴェナンターは温帯地域でしか使えないことは明らかであった。そのため工場から出荷されたカヴェナンターはすべて、第1機甲師団所属の戦車連隊に送られた。同師団は、1年前にフランスで全装備車

砂漠に点在するクルセーダーの残骸。手前のMk II は爆発で小砲塔が吹き飛ぶとともに前面装甲板の境目が口を開き、転輪のゴムをすべて焼失している。

両を失っており、現状は全国からかき集めた諸種雑多な車両を装備する体たらくだったのである。1941年当時のイギリス機甲師団の編制は2個機甲旅団を基幹としており、第1機甲師団の場合は第2と第22機甲旅団であった。それぞれの旅団は3個機甲連隊を隷下におき、これを充足するに必要な戦車数は最低300両であった。同師団は1941年後半に北アフリカへと出発したが、その際装備していたカヴェナンターは第9機甲師団に譲られた。

第9機甲師団は6個機甲連隊からなる第27と第28機甲旅団を基幹とした。英本土駐留を運命づけられた同師団は訓練師団として働き、師団のシンボルであるパンダの頭のマーキングとともに、英本土の各地でその姿を親しまれることになった。当時のイギリスのメディアはカヴェナンターを快速、パワフルと褒めそやしたので大衆はそれを信じたが、真実はそこから程遠いところにあったのである。

カヴェナンターの欠点
Covenanter Deficiencies

部隊配備後のカヴェナンターについて評価した証言は豊富にあるわけではないのだが、一様にそのどれもが批判的な調子をともなっている。「第4／7龍騎兵近衛」連隊は、1941年4月同車を受領した。受領当初、部隊はカヴェナンターを「正真正銘の豪華モデル」と評していたが、それまでが軽戦車Mk VI 装備であったことを思えば、何を与えられても素晴らしく思えたことであろう。その後の評価は、絶えることのない機械故障の発生と、履帯の幅が狭いことにより接地圧が異常に高いという、普通はあまり問題にされることのない事柄まで引き合いに出して、苦情を述べている。

テトフォードにあった「第13／18軽騎兵」連隊は、1941年8月にカヴェナンターを受け取った。その1カ月後、連隊はイングランド中部全域を部隊として5日間にわたって実施された「バンパー」演習に参加した。軍事演習法が制定されたおかげで、部隊はほとんど意図するままの作戦行動をとることができた。その後、同連隊は第9機甲師団から新編の第79機甲師団へと移され(訳注10)、しばらくはカヴェナンターとわずかのクルセイダーを装備して

訳注10: 同師団は1942年9月、通常の機甲師団として創設された。だが、1943年には上陸作戦の専門部隊として特化し、特殊戦車と戦術の研究開発、訓練および実戦を担うこととなった。

砂丘の縁に停車した王立戦車連隊(RTR)のクルセーダーMk II。乗員は前線の知恵で、サンドシールドにレールを追加装着している。これは携行装備を縛りつけたり、野営時にテントを張るのに使われた。

いたが、のちに浮航戦車（DD）へと装備変換された。「第15／19軽騎兵」連隊は、その連隊史中に、「カヴェナンターは本土防衛のためだけに生産された戦車である」と記している。同車のもつ欠点を肯定的に解釈したこの記述は、いかにも役人が苦し紛れに思いついた名文なのであるが、それはカヴェナンターがこの先何をしたところで、実戦用兵器として完成不能であることが明らかになった事実の、与えた動揺のあらわれでもあった。カヴェナンターは初期故障の塊であり、その欠陥のひとつひとつに別個の対応策を考えなければならなかった。このため王立電気機械工兵（REME）所属の整備兵は修理に追い回され、必然的に戦車兵もカヴェナンターの仕様変更につねに注意し続けなければならなかったのである。

　おそらくは「艱難辛苦、汝を玉にす」ということわざが基礎になったのであろうが、この信頼性の低い戦車を訓練連隊に配備することの妥当性をただす議論があった。賛成派としてみれば、より多くの困難を経験することで優秀な戦車兵が錬成されるという論なのだが、当事者である戦車兵の支持をとうてい得られるものでなかったことは間違いない。このような戦車をまともに走らせるには機械整備の豊富な知識と経験、それにねばり強さが必要であったが、いざうまくいったときには、カヴェナンターのみせる高速ぶりはその努力をつぐなうに充分なものがあった。しかし、改良に継ぐ改良が重ねられていたにもかかわらず、カヴェナンターが実戦用として認められるまでになるのが、かなり遠い先のことであるのは自ずから知れたことであった。

　1941年6月に創設された「近衛」機甲師団は、1942年中はカヴェナンターを装備した。同年秋、英本土にあった機甲師団は再編成を実施することとなり、定数を減らした3個戦車連隊をもつ1個機甲旅団だけを基幹とすることになった。さらに1943年の再編では、これに1個機甲偵察連隊が加えられた。時ここに及んで、とくに「近衛」機甲師団において、カヴェナンターはようやくその機械的信頼性を高めたことで、高速性や低シルエット、外観の格好良さが高く評価されるようになった。しかしこれとて、カヴェナンターが時代遅れの戦車であるという現実を覆すものではなかった。サスペンションがすでに耐荷重の限界にあることから、これ以上の主砲の強化も装甲の強化もかなわなかったのである。その名を高

める機会はもはや遠く過ぎ去っていた。1943年の末にカヴェナンターは制式解除を宣告され、現存する2ポンド砲装備車はすべてスクラップにするとの命令が下されたのである。

「サンシェイド」擬装装置を装着してトラックに化けたクルセーダー。サンドシールドのレールには、背嚢や擬装ネットをぶら下げている。

訳注11：ロンメル率いるドイツ・アフリカ軍団の登場により、英軍はリビア・エジプト国境まで押し戻された。「バトルアクス」作戦は、包囲されたトブルクの救援を目的に6月15日に発起された。ロンメルの巧みな用兵により、17日に英軍は戦車の半数（90両）を失って退却した。この当時、英戦車兵にはドイツ軍の火砲にアウトレンジされているとの認識が広まっており、射程を詰めるために戦車単独の性急な正面攻撃が繰り返された。また、戦車部隊が分散投入されたことも敗因となった。

こうする間にも、わずかなカヴェナンターが砂漠でのテストのために中東戦域へと送られた。これが延命を狙った甘い考えによるものか、ただの自暴自棄なのかは定かでないが、結果は出航前に予想ずみだったことは疑いようが無い。

イギリスで創設された第1自由ポーランド機甲師団も、カヴェナンターを一部に装備した。師団編制作業が延期される間に、自由ポーランド軍の将兵はイングランドの南部と東部に展開した装甲列車部隊の要員として任務に就いた。ケント州に駐屯した部隊は、1942年にカヴェナンターとわずかなバレンタイン歩兵戦車を受領した。なお、これらの戦車は装甲列車との連携作戦用に導入されたもので、列車での輸送を目的としたものではなかった。1942年5月31日、カンタベリー地区に展開する「H」装甲列車隊に所属するカヴェナンター1両が、ドイツ軍による同市への空襲の際に被弾し全損した。おそらくはこれがカヴェナンターの全生産車中、敵の作戦行動で破壊された唯一の車両であったものと思われる。

クルセーダーの欠点
Crusader Deficiencies in North Africa

クルセーダーの量産が開始された当時、その機械的信頼性に不安を抱くものはなかった。そのため1941年5月、1個連隊分の戦車が揃うと、クルセーダーはさっそく中東戦域に送り出され、第6王立戦車連隊（RTR）に配備された。6月、同連隊はトブルク解放を目指す「バトルアクス」作戦に参加した（訳注11）。その後、すべての連隊にクルセーダーを装備した第22機甲旅団が到着し、11月にうまい具合に「クルセーダー」作戦（訳注12）と名付けられた作戦に参

訳注12：北アフリカのイギリス軍は増強され、兵力11万人、戦車700両を擁する第8軍が設立された。「クルセーダー」作戦は、やはり兵力11万人までに拡充されたドイツ・イタリア枢軸軍を撃滅する一大決戦として、11月18日に開始された。作戦は、包囲下にあるトブルクの救援を目指す内陸の迂回機動作戦と国境地帯（ハルファヤ峠とソルーム、バルディア）への海岸沿いの二本立てとなった。戦車戦力に劣るロンメルはそれでも2個戦車師団を巧みに運用し、トブルク前面で英戦車部隊を包囲し大打撃を与えたのち、逆に国境方面への迂回機動を実施し英軍をおびやかした。しかし、その間にトブルク前面の英軍が損傷戦車を回収するなどして戦力を回復、ふたたび脅威となったため12月5日に撤退を開始。その後、一気に600km近い道のりを退却したドイツ軍を追って、英軍も進撃したが、補給を手にしたドイツ軍の反撃により同年末には攻勢は頓挫。逆に補給切れとなった英軍は、1942年1月にはドイツ軍に押し返されガザラまで後退し、両軍はともに持久状態に入った。

英本土での撮影。クルセーダーMkⅢ用のこのトラック擬装装置は、旧型との差別化のために「ハウスボート（屋形船）」と呼ばれた。

第6機甲師団第26機甲旅団（恐らくは「第17／21槍騎兵」連隊）所属のクルセーダーMkⅢ。戦車兵はチュニジアのどこかの丘で、要求に応じてカメラに無関心を装ってみせている。野営テントは側面にくくりつけられている。戦車の塗装はグリーン単色、大きな砲塔マーキングの意味は不明。

訳注13: 北アフリカにおける戦車戦の研究書であるT. Jentz著『Tank Combat in North Africa』収録のドイツ軍の報告書には、「マークⅥ巡航戦車はきわめて高速（50〜60km/h）であり、追撃不能である」と記されている。また、視界が良すぎる砂漠戦では、しばしば後退する敵戦車への砲撃が、射程を誤認して有効射程外へ出た後もおこなわれるため、弾薬の浪費になると戒めている。

加した。

　ドイツ軍がこの新戦車の高速ぶりに感嘆を覚えたことは間違いなく(訳注13)、また、模倣品作りがへつらいのもっとも穏やかな表現だとするならば、イタリアは少なくとも外観だけはクルセーダーによく似た、サハリアーノ中戦車を完成させている。

　イギリス戦車兵にはっきりとしたことは、クルセーダーは同格のドイツ軍戦車に対して火力に劣り、対戦車砲に対してきわめて脆弱であるということであった。この脆弱さは徹甲弾の命中と装甲貫徹によるものだけではなく、イギリス戦車の多くは被弾しただけで瞬時に炎上するという、戦車兵を震撼させる現実を示すものであった。一般的には、炎上の原因は燃料タンクへの命中ということにされていたが、これはドイツ戦車もガソリンを積んでいることを都合良く棚上げした安直な見解でしかない。炎上したクルセーダーをよく調査し、また損傷戦車にふたたび装備品を載せ射撃試験をおこなった結果、真犯人は弾薬の発射装薬であるコルダイト火薬であることが突き止められた。非装甲の弾薬ラックに収められた主砲弾は、高熱に達した金属片に薬莢を破られると簡単に発火するのであった。それでも戦車兵は燃料タンク爆発説に縛られており、歴戦の戦車兵が車体後部の補助燃料タンクにガソリンの替わりに水を詰めて、対策を図る姿が数多く見られた。

　たしかにクルセーダーの機械的信頼性が高ければ、この程度の脆弱性も許容範囲に入れられたのかも知れない。だが信頼性の低さには、さまざまな原因があった。その第一は海上輸送にあった。船積み前の戦車は冷却水を入れずにドックを走らされたために、冷却系の配管を痛めていた。また出航後は、防錆対策が不十分であったために、塩分を含んだ潮風やしぶきが車内へと入り込み、部品に錆を生じさせ、とりわけ鋳造合金製の部品を劣化させていた。こうした故障は部隊配備前に、アレクサンドリアの基地修理所で直すものとされていた。しかし、本土からのスペア部品到着までの時間は長く、戦場から続々と損傷戦車が送り返されてくる状況では、クルセーダーを修理整備するための時間をみつけることは大変なことであった。

しかし、これもまだ初めの段階の出来事でしかなかった。ようやく部隊の手にクルセーダーが渡り、数カ月が経つと故障のクレームが頻々と舞い込むようになった。前にも述べたとおり、リバティーエンジンのシリンダーブロックは一体型ではなく、独立した個々のシリンダーを本体に取り付ける構造となっていた。不整地を高速で機動する戦車では力学的ストレスが大きく、シリンダーブロックの固定が緩む傾向があり、潤滑系が破れてオイル漏れを起こすのであった。もうひとつは冷却系にまつわるもので、どうしても冷却水に入り込む砂粒がウォーターポンプのホワイトメタル製部品を摩耗させ、冷却水漏れを起こすのであった。さらに機関室冷却用ファンの駆動チェーンが砂で異状摩耗することも、トラブルの原因となっていた。砂漠では常に冷却の問題がつきまとうのである。

戦場のクルセーダー
Performance in Action

クルセーダーへの戦車兵の評価もやはり一様に批判的な調子を帯びたものばかりだが、中には興味深いものも含まれている。「クイーンズ・ベイ」連隊は将兵だけが1941年にエジプトへ向けて出発し、戦車は別船で後から送られた。戦車は整備所でデザートイエローにスプレー塗装され、A、B中隊にはクルセーダー、C中隊にはM3スチュアート軽戦車が配備された。スチュアートを割り当てられた英戦車兵は、クルセーダーの方が乗り心地がよく、また戦

上●オーストラリアにサンプルとして送られたクルセーダーMk I (T15630号車)。メルボルンでの徴兵パレードでの撮影。同車はプカパンヤルでの評価試験後、同地に創設された王立オーストラリア機甲軍団(RAAC)博物館に収蔵された。

下●クルセーダーMk II 指揮車のクローズアップ。ダミー砲にはスリーブがはめられて、より太い6ポンド砲に見えるように工夫されている。

カラー・イラスト

解説は50頁から

図版A1：戦車 A13 MkⅢ 巡航戦車 MkⅤ カヴェナンター試作2号車

図版A2：戦車 A15 巡航戦車MkⅥ試作車

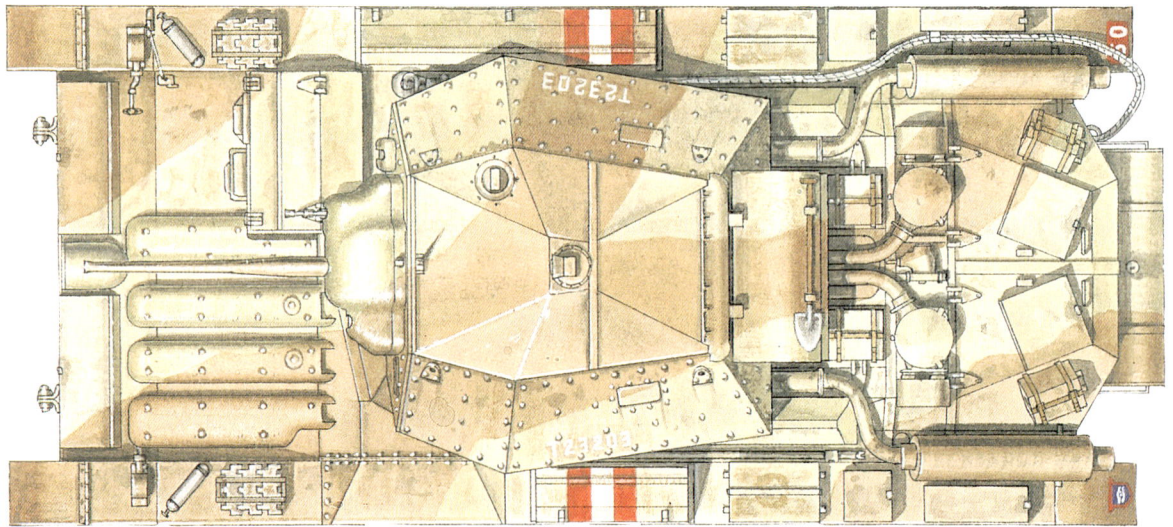

図版B：カヴェナンターMkⅢ
「近衛」機甲師団
「近衛」機甲旅団本部

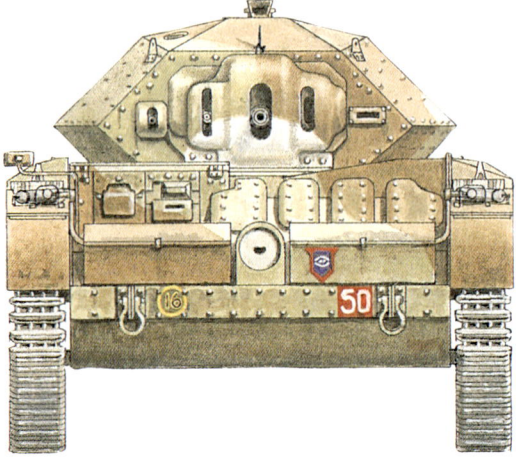

B

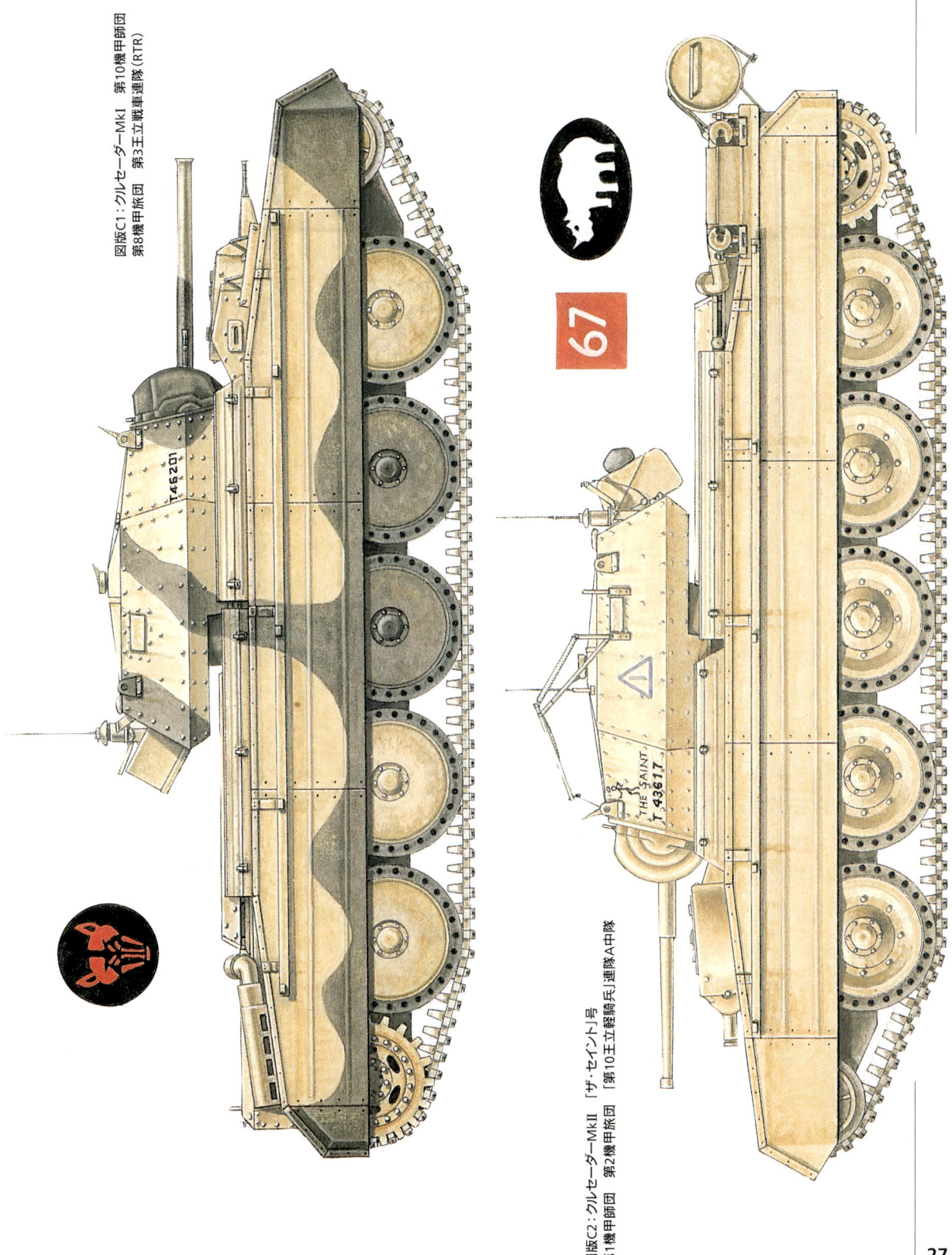

図版C1：クルセーダーMkI 第10機甲師団
第8機甲旅団 第3王立戦車連隊(RTR)

図版C2：クルセーダーMkII「ザ・セイント」号
第1機甲師団 第2機甲旅団「第10王立軽騎兵」連隊A中隊

図版D：
クルセーダーMkⅢ　第6機甲師団　第26機甲旅団 「第2ロジアン＆ボーダー騎馬」連隊

仕様
乗員：3名
戦闘重量：19812kg
出力重量比：20.2hp/ton (Imp.)
全長：5.98m
全幅：2.64m
全高：2.24m
エンジン：ナフィールド・リバティーMkⅢ／Ⅳ、V型12気筒、
　　　　液冷、出力340馬力（1500回転）
動力伝達系：ナフィールド・コンスタントメッシュ式四速変速機、
　　　　ウィルソン・デュアル再生・遊星歯車式操向装置、空圧作動式
搭載燃料：500リッター、136リッター（＝補助燃料タンク）
最高速度：43km/h
最大航続距離：177km（内部タンクのみ）
燃費：2.8リッター/km
渡渉水深：0.96m
武装：6ポンド、7cwt、速射砲Mk.Ⅲ（口径57mm）、
　　　BESA口径7.92mm空冷機関銃（主砲同軸）
弾薬：徹甲弾、被帽徹甲弾、
　　　仮帽付被帽徹甲弾、榴弾
砲口初速：853m/秒
最大有効射程：1830m
搭載弾数：65発
主砲俯仰角度：+20度/-12.5度

各部名称
1. 6ポンド、7cwt、57mm戦車砲
2. 右側操縦レバー
3. ピレン剤消火器
4. バイザー用予備プリズム
5. 操縦手用視察スリット
6. ウィンドシールド
7. BESA口径7.92mm空冷機関銃
8. 車長用直接照準具
9. 操縦手席
10. 2インチ発煙弾発射機（＊訳注）
11. 砲手用ペリスコープ
12. 給脂チャート（エッチング）
13. BESA機関銃弾薬箱
14. スポットライト
15. 信号弾入れ
16. 車長用ペリスコープ
17. 信号装置ケース
18. 砲塔ハッチ
19. No.19無線機
20. 収納箱
21. 補助燃料タンク
22. かなてこ
23. 左側エアクリーナー
24. 起動輪
25. ブレン軽機関銃弾倉
26. .303口径（7.7mm）ブレン軽機関銃
27. トンプソン短機関銃弾倉
28. 救急箱
29. サスペンション・スプリング
30. トンプソン短機関銃
31. 転輪
32. サスペンション・アーム
33. 砲手肩当て
34. 砲手席
35. 砲塔旋回装置
36. 遊導輪
37. 6ポンド砲弾庫
38. ギヤシフトレバー
39. 点火調整装置
40. 羅針儀架台
41. クラッチペダル
42. ブレーキペダル
43. 前照灯
44. 履帯緊張装置ソケット
45. フェンダーミラー
46. 予備履帯ラック
47. 点火スイッチ

（＊訳注：原語は「2in. Bomb Thrower」。口径50mmの「爆弾」といっても、実際は安定翼をもつロケット弾であり、弾種も自車を隠すための発煙弾だけである。ドイツ戦車の「近接防御兵器」のような対人用榴弾は用意されていない）

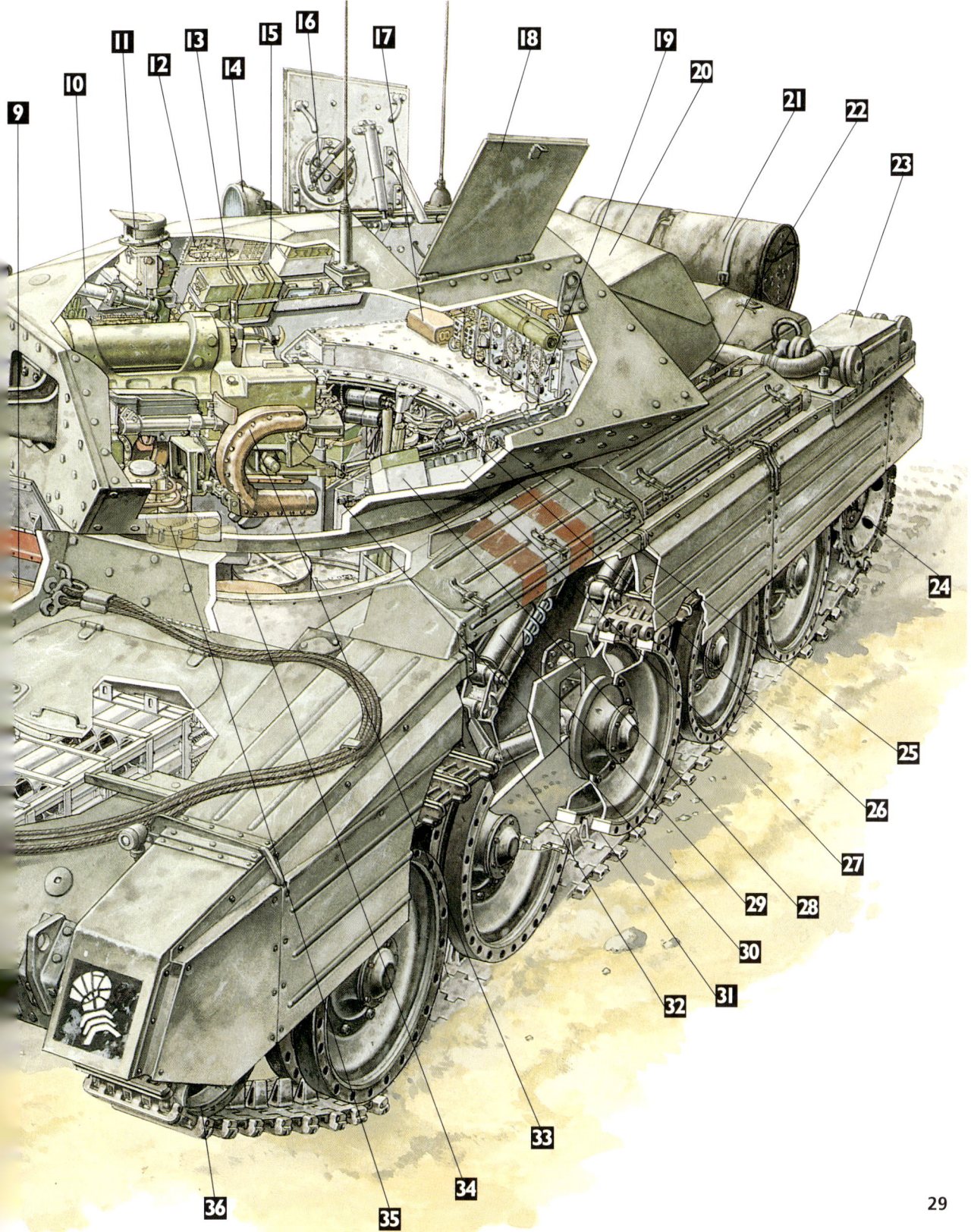

図版E：カヴェナンター架橋戦車　第9機甲師団
第22機甲旅団　第13/18軽騎兵連隊

図版F1：クルセーダーMkⅡ指揮戦車
「トーラス」号
第11機甲師団司令部

図版F2：クルセーダーMkⅢ対空戦車MkⅢ [スカイレイカー]
もしくは「ザ・プリンセス」号　第7機甲師団
第22機甲旅団　第1王立戦車連隊（RTR）

図版G：クルセーダーMkIII砲牽引車
部隊名不詳の機甲師団
対戦車連隊 第3中隊B小隊

闘動作がとりやすく指揮しやすいとこぼしていたが、いざ行軍を始めてみると機械故障で毎日6両ものクルセーダーが落伍していくのを見て、故障知らずのスチュアートを与えられた幸運を喜ぶようになった。

ムススに到着した1942年初めの時点で第2機甲旅団のもつ可動戦車は、どうにか連隊の態をとりつくろえるだけという散々な状況だった。旅団はガザラで再編成されることになったが、「クイーンズ・ベイ」連隊に渡されたクルセーダーは、車載工具のほとんどを失い装甲板の穴を塞いだばかりの再生車両で、部隊を落胆させた。のちにこれらは基地整備所から送られた新品戦車と置き換えられていった。同じく第2機甲旅団に所属した「第9槍騎兵」連隊は、砂漠用のデザートイエローが室内装飾用語でいうライトストーンに思えたと記録している。また、同連隊によれば、主砲の2ポンド徹甲弾はドイツのⅢ号戦車の装甲板に簡単に弾かれるのに対し、敵の50mm戦車砲はクルセーダーの前面装甲をたやすく貫徹できるので、ドイツ戦車兵は我々を侮っていると記している。

1942年夏、ガザラにおいて同連隊は、最初の「サンシェイド（日除け）」擬装装置を受領した。この装置はクルセーダーに鋼管フレームを取り付け、これにカンヴァスシートを張って、少なくとも遠目にはトラックに見えるようにカモフラージュするものである。装置は左右二分割式で、「第9槍騎兵」連隊史によれば「機構的には車長が頭上の急速解除コードを引くことで、フレームは戦車から脱落するはずであった。しかし実際には、本当に落としたいときには脱落しないのに、落ちてほしくないときには脱落する有様だった」としている。これには「王立グロースター軽騎兵」連隊も、同じ感想を残している。

第2機甲旅団の三番目の連隊は「第10軽騎兵」連隊であった。同連隊は2ポンド砲の性能に関してとりわけ痛烈に批判しており、Ⅲ号戦車を撃ち取るには最大有効射程500ヤード（約457m）にまで近づかなければならないが、敵の50mm戦車砲は1000ヤード（910m）以遠からでもこちらを撃破できると断言している。しかし、同連隊はⅣ号戦車の装備する短砲身75mm砲の装甲貫徹力については、その存在を完全に無視している(訳注14)。「サンシェイド」擬装装置を「サンボンネット」装置と呼んでいた「シャーウッド・レンジャー」連隊は、「クルセーダーのエンジンが、実に不可解でひどいトラブルを引き起こさずに36時間回り続けたとすれば、それは本当の奇跡だった」と回想している。

「スタッフォードシャー・ヨーマンリー（義勇農騎兵）」連隊は1942年8月の時点で、A、B中

イギリス国王ジョージ六世による観閲を受ける、第11機甲師団のクルセーダーMkⅢ指揮戦車、英本土での撮影。この車両は増加装甲処置を終えており、車体前端の傾斜部と「ブク=ブク(Buq-Buq)」と書かれた装甲板がそれである。

訳注14: 英軍のレポートを基に米軍情報部が1942年にまとめた報告書『German Methods of Warfare in the Libyan Desert』によれば、この当時、短砲身75mm砲を装備したⅣ号戦車は、英軍の近接支援戦車と同様に、敵対戦車砲や野砲を榴弾で叩いてⅢ号戦車の突進を支援するのが役目であり、対戦車戦闘は二の次だった。

演習において戦車橋を渡るカヴェナンター地雷処理車（AMRA）。ご覧の通り、動きの不安定な吊り下げ式マインローラーを渡すのは難しい。

隊にグラント中戦車、C中隊にクルセーダーを装備していた。その記録によれば、アメリカ製中戦車が行動不能に陥る柔らかい砂地でも、イギリス製戦車は難なく克服することができたと評している。その連隊史には、砂漠の行軍で連隊がとった隊形に関する、興味深いチャートが附されている。連隊の先頭にはC中隊がたち3個小隊を横隊に展開させ、その後方には中隊本部と前進観測将校の乗る砲兵観測戦車（OP）、さらに王立工兵（RE）の分遣隊が続き、最後尾は予備戦車小隊が固めた。この前衛中隊の後方には、連隊本部と本部中隊が三列縦隊で続行した。左の列には1個歩兵中隊、右の列には1個対戦車砲中隊、中央の列には王立騎砲兵（RHA）の1個砲兵中隊がついた。各縦隊の先頭には指揮車両の一群と予備の砲兵観測戦車（OP）がたった。この本体を掩護するために、左側面にはB中隊、右側面にはA中隊の戦車がそれぞれ前進した。両戦車中隊は、中隊本部を中心とする菱形隊形をとった。そして、この戦闘密集隊形の背後に2個輸送梯隊が続いたのである。

　もう一枚の附図には、夜営時に連隊のとる密集防備隊形が示されている。右側面の防護にはA中隊がつき、外側を向くかたちで戦車砲を前方、左右、後方へと指向した。連隊本部はその内側に縦隊を形成した。左側面を守るC中隊の配置はA中隊の配置をちょうど裏返しにしたもので、その内側にはB中隊の縦隊が、全車、砲を前方に向けて駐車したが、最後尾の1両だけは砲塔を回し後方をにらんだ。対戦車砲中隊はポーティーで後方を固め、王立騎砲兵（RHA）の砲兵中隊と歩兵迫撃砲中隊は、4つの内側防備線を敷いた（訳注15）。

　「ウィルトシャー・ヨーマンリー（義勇農騎兵）」連隊はクルセーダーに関して、トラブルのほとんどはウォーターポンプの欠陥によるものだとしている。1943年10月の時点で、同連隊はA中隊にシャーマン、B中隊にクルセーダー、C中隊にグラントを装備していた。

　クルセーダーの戦闘能力に関しては、「第9槍騎兵」連隊史に興味深い記述を見いだすことができる。第1機甲師団第2機甲旅団に所属した連隊はA中隊にクルセーダーを装備して、エル・アラメインへの後退戦を戦った。

　「16日、左翼を進むA中隊から連絡が入り、前方に不審な車両の一群を認めたので攻撃の

訳注15：砂漠といえども岩の転がる地域もあり、そこでの対戦車砲の牽引は砲を痛めた。そのため、英軍はトラックの荷台を改造して2ポンド対戦車砲を積載可能とした「ポーティー」と呼ばれる車両を配備した。本来は荷台から卸して使うものであるが、もっぱら車上から射撃をおこなった。

カヴェナンター架橋戦車試作車。架橋装置は荷重ローラーを接地させた展開状態にある。クライストチャーチで撮影。

鉄道輸送中のカヴェナンター架橋戦車。戦車橋は架橋戦車から分離して運ばなければならないので、貨車2両が必要である。山高帽子を被った鉄道検査官が、短い定規を手に安全基準を越えていないかと調べているので、乗員は不安げである。

許可を求めると伝えてきた。連隊長の大佐はこれに許可を与え、連隊の残る部隊は、これまでに見たことのない戦車による素晴らしい戦場機動の一例を目にすることになったのである。

「12両の優美な、パテ色をした巡航戦車は半円形陣を組み、風のない西の空へと埃の柱を立ち昇らせる縦隊へ向け、いぶかしげに砲身を向けていた。巡航戦車の背後には、中隊本部の近接支援戦車が横一列に並んでいた。突然、4両の支援戦車が射撃を開始した。大きく仰角をかけられた砲身から放たれた砲弾は、空中に大きな弧を描きながら煙の幕を引いて飛んだ。同時に止まっていた巡航戦車のエンジンが息を吹き返し、青い排気煙が各車の後部に吐き出された。3インチ砲は次から次へと発煙弾を撃ち続け、第四斉射が放た

実験のためにヘイリング島の海岸を離れるクルセーダー浮航戦車。車体後面ルーバーには渡渉用カウリングが装着され、エンジン空気取り入れパイプは延長され、斜め上方に向けられている。

れたところで巡航戦車は発進した。最初はゆっくりと、そして羽毛のような砂埃を巻き上げながら、各戦車は次第にスピードを上げていった。やがて中隊の姿は埃の雲の中へと消えた。いまや何も見えなくなったが、砂煙の中からは戦車砲の重い咆哮とBESA機関銃の激しい連打音が聞こえてきた。10分間にわたって幕は下りたままであったが、やがて薄れゆく煙の中からA中隊がゆっくりとその姿をあらわした。

「連隊長の巡航戦車は中隊の方へと真っ直ぐに進み、各車が旋回してふたたび西を向くさなかに停止した」

エル・アラメイン戦後の長期にわたった追撃戦(訳注16)で、クルセーダーはこれまでに例のない長距離走行の実績を残した。この頃には、ナフィールド社の技師団が砂漠へと空路到着していたし、海上輸送の方法も改善されていた。また、戦車兵は故障が手に負えないものとなる前に発見し、これを修理する術を身につけていた。だがそうした努力の成果も、事態の改善には手遅れであった。クルセーダーの機械的信頼性に関する悪評は、もはや頑として動かしがたいものとなっており、とくに同戦域に大量に投入されつつあったアメリカ製戦車と比べるとその信頼性の差は歴然であった。そのため、クルセーダーを第一級の兵器と思うイギリス戦車兵はどこにもおらず、誰もがいち早くシャーマンに乗れるようになる日を、待ちわびていたのである。

戦車砲の改良
Improved Armament

6ポンド砲を主砲とするクルセーダーは、1942年の夏頃から中東戦域へと到着し始めた。ドイツ軍はすでに戦車の火力向上を果たしていただけに、新型戦車の到来は心からの歓迎を受けた。こと火力に関する限り、クルセーダーは、大多数のドイツ戦車と同等の位置に立てたのである。無論のこと、これは長砲身のⅣ号戦車と対戦車砲をのぞいてのことであった。

1942年11月、イギリス第1軍に所属する第6機甲師団がチュニジアに上陸した(訳注17)。同師団の所属連隊の装備は、クルセーダーとバレンタインの混成となっていた。「第16／5槍騎兵」連隊では、各中隊の内、2個小隊がクルセーダー装備であり、他の2個小隊はバレンタイン装備であった。「第17／21槍騎兵」連隊では、各中隊に6両の6ポンド砲型クルセ

訳注16：1942年5月、ガザラ戦の敗北によりマルサ・マトルーへと後退したイギリス軍は、さらに防備を強化するためにエル・アラメインの防衛線へと後退した。7月にはこれを追ったロンメルのドイツ軍との間にルウェイサト尾根を巡る消耗戦が繰り広げられた(第一次エル・アラメイン戦)。9月のアラム・ハルファへのドイツ軍攻勢を頓挫させたことで、戦いの主導権はイギリス軍へと移った。英第8軍の指揮を引き継いだモンゴメリー将軍は充分な準備の後、10月23日夜に一大攻勢「スーパーチャージ」作戦を発起した。1週間の激戦の後、ドイツ軍線陣は崩壊し、1000km後方のエル・アゲイラを目指しての大撤退が開始された。

図中ラベル（上部より時計回り）:

- スポットライト
- かなてこ・5フィート6インチ
- 延長工具・履帯緊張装置用
- 消火器・火災用・手動
  メチル・ブロマイド 1基
- シャベル
- 収納箱:
  漂白粉（2ポンド缶入り）
  ツルハシ・ヘッド
  ツルハシ・柄
  ハンマー・大型・7ポンド
  カバー・防水・野営用・ペグ付き
  セット・工具・巻き袋入り・工具キット
- 南京錠4個
- 収納箱:
  スーツ・防水 2着
  担架・救急用Mk.II、スリングMk.IV 2セット
  コンロ・携帯No.2
  カバー・防水・エンジン用
- 予備履帯
- フェンダーミラー
- カバー・砲口用・QF40mm砲

図面欄:
CRUSADER A/A.Mk.I
Stowage Sketch
EXTERIOR L/H SIDE AND FRONT
DRAWN BY ALLARDYCE PALMER LTD．
CHECKED BY G.R.S
6 SHEETS　SHEET No.1
A.Shaw FOR D.T.D
TD 11761
7:4:'43

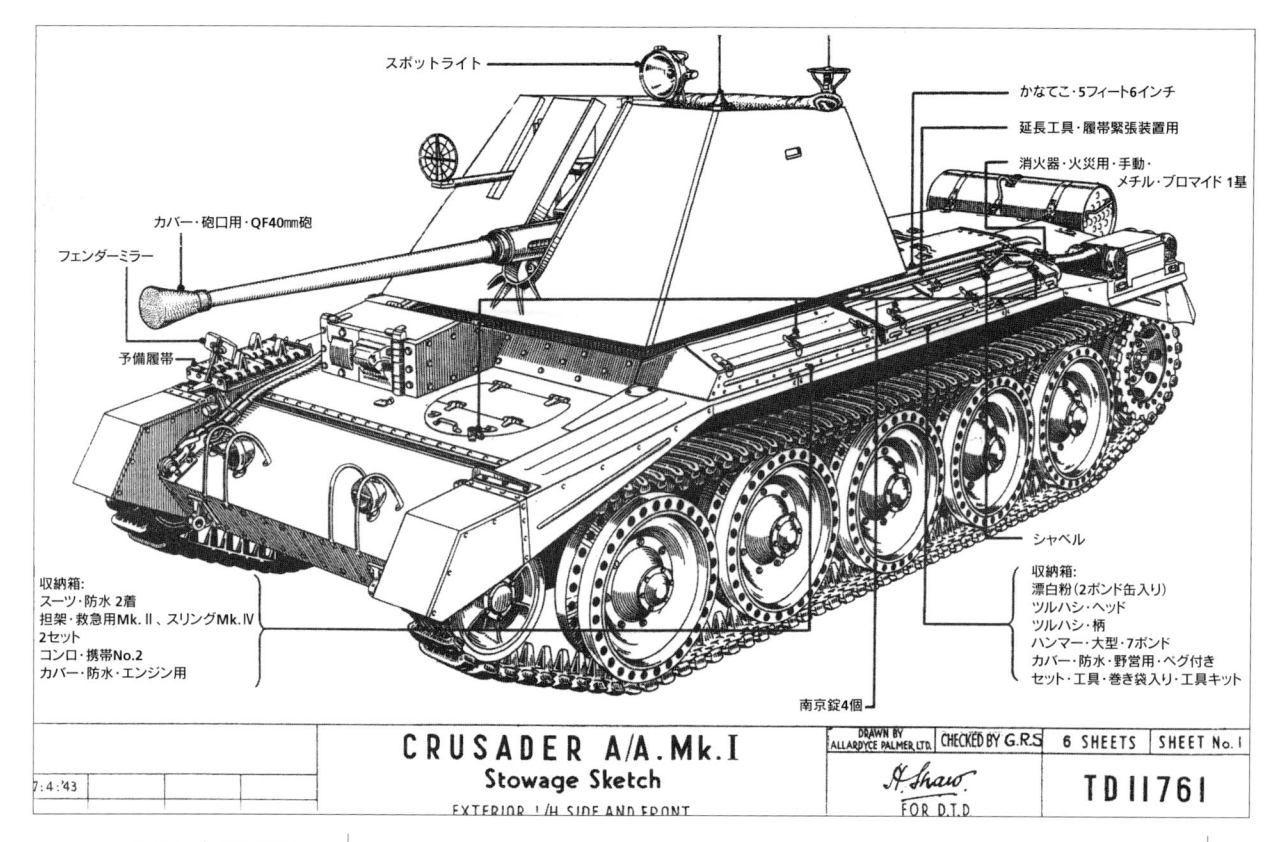

クルセーダー対空戦車Mk I の車載装備表。砲塔上面のカンヴァスカバーは、戦闘中と同様に巻き上げた状態で図示されている。

訳注17: 11月8日、エジプト国境エル・アラメインでの決戦に呼応しドイツ軍の背後を衝くかたちで、連合軍ははるか西のモロッコ、アルジェリアへと上陸した。ドイツ軍の策源である重要な港湾をようするチュニジアをゴールとした競争が始まり、アフリカ戦線の失陥を恐れたドイツ軍も増援部隊を続々と送り込んだ。補給線が伸び切ったことと雨季の悪天候もあって、連合軍の攻勢は停滞した。翌1943年2月14日、ドイツ軍の攻勢で戦いは再度本格化したが失敗に終わった。結局、北アフリカ戦は1943年5月に終了し、ドイツ・イタリア軍の25万人が捕虜となった。

訳注18: いわゆるブレンガン・キャリアーとして知られる、全装軌・オープントップ式の小型装甲輸送車。兵員、機関銃、迫撃砲の輸送など、さまざまな用途に用いられた。

―ダーをもち、中隊本部に各2両のクルセーダー近接支援戦車を配備していた。同連隊は、射程3000ヤード（2740m）で発煙弾と榴弾（HE）を撃てる近接支援型を、貴重な兵器として評価していた。また、同連隊はロタ・トレーラーの使用を公式に記録した唯一の連隊でもある。この懸架装置のない二輪トレーラーは、予備燃料と弾薬の牽引輸送に使われた。この珍品装備のアイデアは、戦車がこれを牽引して前進し戦闘加入前に遠隔操作で切り離すというものであった。実際に使ってみると、このトレーラーは始終、荷物を落とすは、跳ね回るは、ひっくり返るはの連続で、迷惑装備として放棄されたものである。

　チュニジア戦が終わる頃には、カヴェナンターと同様に、クルセーダーも制式を外されることになった。イタリア上陸作戦を前にして、すべてのイギリス戦車連隊はクルセーダーを手放し、シャーマンへと乗り換えている。残ったクルセーダーの内、状態の良いもののほとんどは、北アフリカに残った自由フランス軍に引き渡されたといわれている。

　英本土においては、クルセーダーの生産はすぐに本土防衛の任につく連隊の需要をまかなえるだけのものに達した。ホバート将軍の第11機甲師団はクルセーダーの主な引き受け役であり、他の連隊は供給量に応じてカヴェナンターとクルセーダーを混成装備していた。6ポンド砲型クルセーダーの配備が始まると、第11機甲師団はただでさえオーバーワーク気味となっていた小隊長にとって、2人乗り砲塔での活動は荷が重すぎることを確認した。そこで対策として小隊長車用として2ポンド砲型クルセーダーが戻された。

　1941年6月、オーストラリア第9師団騎兵連隊が、シリアからエジプトへと移動した。連隊はM3スチュアート、ユニヴァーサル・キャリアー（訳注18）、クルセーダーMkIIをもって急速に再編された。この部隊は西半球で作戦した唯一のオーストラリア軍機甲部隊であり、エル・アラメイン付近での戦闘に投入された後に前線から下げられ、オーストラリアへ移動す

るための準備に入った。1941年8月には、1両のクルセーダーMkⅠ、ナフィールド社が初期に生産したものであるT15630号車がメルボルンに到着した。これはオーストラリアからロンドンの陸軍省へ出された要求に応じて、送られたものであった。このクルセーダーは参考用として取得されたもののようで、この当時、オーストラリアは国産戦車の開発に努めていた。やがて完成したAC1巡航戦車とクルセーダーの砲塔を比べると、AC1の砲塔は鋳造製で装甲の傾斜角が緩いもののその形状は酷似している。

アメリカでの試験
Trials in the USA

　クルセーダーはアメリカにも送られている。ディキシー伍長の指揮の下、クルセーダーは1941年10月、メリーランド州のアバディーン評価試験所に到着した。翌1942年4月、同戦車はウェスチングハウス社に貸し出され、ジャイロスタビライザーが装着された(訳注19)。これは同時に俯仰装置がギア式のものに改められたことを意味している。この後、クルセーダーはケンタッキー州のフォート・ノックス基地へと送られた。

　このことの背景には、フランス敗北でイギリス軍がヨーロッパ大陸から駆逐された際に、大多数の装備戦車を失ったという事情があった。アメリカはイギリスにとって補充戦車を発注するための理想の地に思われた。そこで検討用にクルセーダーとマチルダが大西洋を越えて送り出されたのである。しかし、生産契約が結ばれる以前に、アメリカ政府はアメリカの工場は自国製戦車の生産に専念することを決定したので、計画は御破算となった。しかし、この決定も部品の生産にまで言及するものではなく、事実アメリカの各メーカーは、クルセーダーや他のイギリス戦車用の部品を生産し大量に供給したのである。

右頁上●珍しいべた凪の日に、LCT(2)揚陸艇へ乗り込もうとするクルセーダー浮航戦車(T15834号車)。浮航用ブイは取り外され、エアクリーナーも通常に戻されているが、渡渉用カウリングは装着したままである。普通、戦車はバックで乗船するものだが、なぜか頭から乗り込もうとしている。

訳注19: この時期に開発されたアメリカ戦車には、地表の凸凹に応じて主砲の俯仰(上下射界)角度を制御し、砲身を常に一点へと指向するジャイロスタビライザー(砲安定装置)が装備されていた。

クルセーダー・17ポンド対戦車自走砲のスケッチ。砲架、砲盾、弾庫が示され、また、砲の俯仰および旋回限界も図示されている。

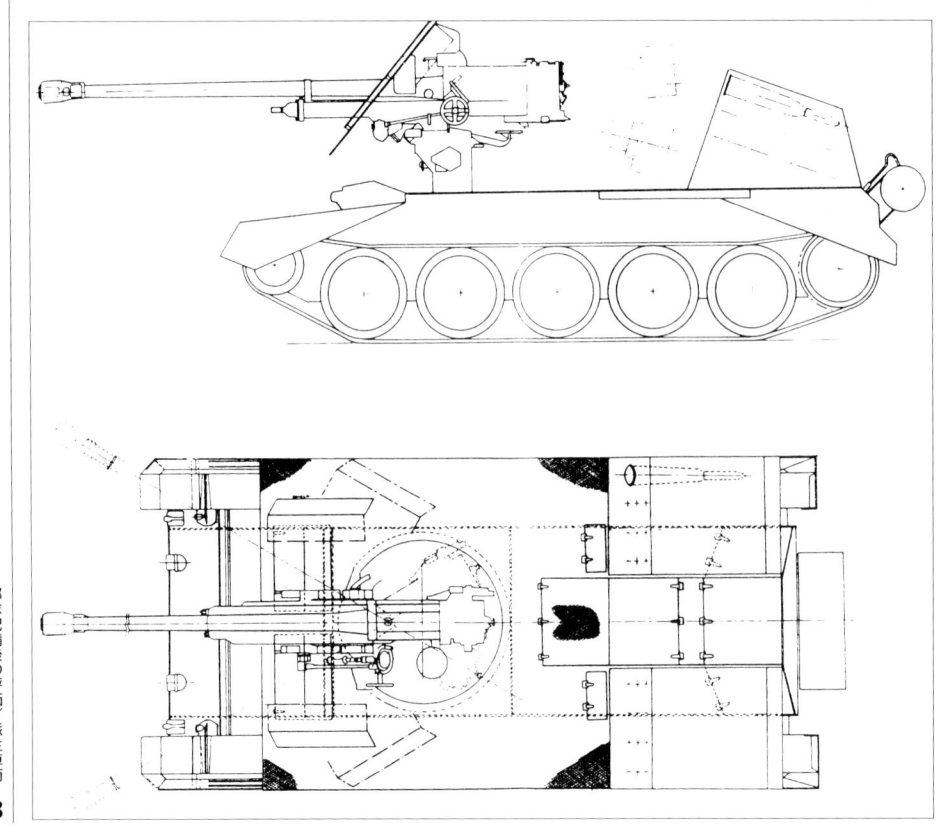

variants

派生車両

指揮・観測戦車
Command 'OP' Vehicles

　カヴェナンターとクルセーダーの派生車両の中で、外観的にもっとも変化のないのは、観測戦車(OP)と指揮戦車である。これらの車両は作戦間はふつうの戦車と行動をともにするため、なるべくその存在が敵に目立たないようにする必要があった。

　観測戦車(OP)は王立砲兵(RA)の砲兵中隊に支給され、これに乗る前進観測将校(FOO)が最前線から砲兵を指揮して、迅速かつ効果的な支援砲撃をおこなうものである。戦闘室からは、すべての主砲弾ラックが撤去され、また主砲は遠目には実物とそっくりなダミー砲と交換されていたが、車内には何も突き出していなかった。こうしてできた空間の前後には作業用テーブルが設置され、No.19無線機2基とNo.18無線機1基が装備された。観測戦車(OP)と指揮戦車では、砲塔機関銃と発煙弾発射機は残された。また外部には通信ケーブルを巻いたリールが搭載され、これを延ばして戦車から離れた場所からNo.19無線機で送受信することができた。観測戦車に改修されたのは、カヴェナンターMkⅡとMkⅣで、クルセーダーMkⅢからの改修車はそれらよりも少しだけ中が広かった。機甲師団に所属する王立騎砲兵(RHA)中隊と野戦砲兵中隊には各2両(訳注20)、その他の野戦砲兵中隊と中砲中隊には各1両の観測戦車が装備された。

訳注20: 伝統と格式を重んじる英軍では、王立砲兵(RA)も王立騎砲兵(RHA)や野戦、中砲等の各連隊(レジメント)に細かく分かれている。王立騎砲兵(RHA)連隊は、ナポレオン戦争時代に誕生した、砲も兵員も完全騎馬化された砲兵でエリートをもって任じていた。行軍序列上は近衛騎兵より後ろだが、パレードで砲を牽引する場合は近衛騎兵の前、最先頭に立つ慣例となっている。

指揮戦車の方は、原則として連隊本部に配備され、内部は観測戦車（OP）と同様の改修を受けていたが、無線装備はNo.19無線機2基だけであった。この内、1基は連隊通信ネット、他方は旅団通信ネットに接続された。指揮戦車に改修されたのは、カヴェナンターMkⅡとクルセーダーMkⅡである。観測戦車（OP）と指揮戦車は、無線アンテナがふつうの戦車より多いことから識別可能である。また、より詳しく調べれば、補助発電機用のマフラーを確認できる。補助発電機は単気筒の「チョア・ホース（雑用馬）」型で、カヴェナンターでは砲塔フロアーに装備された。またクルセーダーでは「チョア・ホース」型か「タイニー・ティム」型が用いられ、砲塔内前部に装備された。

回収車
Recovery Vehicles

　砂漠の戦いにおいて、ドイツ・アフリカ軍団のとったとある行動が、イギリス軍に大きな影響をおよぼした。その行動とは、戦場での損傷戦車の回収であり、ドイツ軍は戦闘が続く中でもしばしばこれを実施した(訳注21)。1942年夏、陸軍省の命により設立された回収委員会は、装甲回収車（ARV）の採用を推奨した。当然のことながら既存の戦車がその開発ベースとなるべきであり、すべての現役戦車について装甲回収車（ARV）を開発することが合意された。

　評価試験車の改造作業はアーバーフィールドで実施されたが、公式文書によれば、完成した4車種の内、カヴェナンターは信頼性に劣り、クルセーダーにはまったく希望がもてないとの判定が下された。すべての試作車には、装甲回収車（ARV）MkⅠの認証が与えられ、同一仕様に仕上げられていた。装甲回収車（ARV）では砲塔が撤去され、溶接および切断機材、車体前部に立てる5トン携式ジブクレーンといった回収機材が装備され、また必要に応じて乗員区画に装着し対地、対空防御に用いる軽機関銃架も備えられた。装甲回収車（ARV）の乗員は3名であり、砲塔リング開口部は大型ハッチのつけられたプレートで塞がれていた。当初の構想ではウィンチの装備も計画されたが、この当時には手頃なものが無く装備化は見送られた。このため回収車は、自力走行不能となった損傷戦車を、直接牽引で動かさなければならなかったのである。

　カヴェナンター装甲回収車（ARV）MkⅠとクルセーダー装甲回収車（ARV）MkⅠは、それぞれ1両だけが改造生産されたことには疑いがない。しかし、現在もなおカヴェナンター装甲回収車に関しては、図面一枚の存在すら確認されていない。

地雷除去
Mine Clearing

　地雷処理車としては、カヴェナンターとクルセーダーのそれぞれにAMRA（マインローラー）が開発された。マインローラー・アタッチメント（AMRA）はどちらも同じ設計によるもので、戦車への装着部が異なっているだけだった。カヴェナンター用のAMRA MkⅠCは二分割式のブラケットなのに対し、クルセーダー用のMkⅠDはより多くのフレームで構成されていた。装置単体の重量は1.5トンをわずかに切るもので、車体前方に掲げたフレームに4個のローラーを強力なバネを介して吊り下げた構造であった。このローラーが地雷に触れて爆発させることで地雷を処理する仕組みであり、ローラーは消耗品であった。緊急時には車内からの操作で電気式信管を爆発させて接続を解き、マインローラー・アタッチメント（AMRA）を戦車から切り離すことができた。

　砂地では、ローラーの重さはふつうに敷設された対戦車地雷を撃発させるのに充分であったが、堅い地面や地雷が深く埋められている場合には、ローラーをさらに重くしなけれ

訳注21：戦車の生産地から遠く離れた北アフリカの戦場では、損傷戦車を回収・再生することは戦車隊の戦力維持のために重要不可欠である。ドイツ軍ハーフトラックの優れた働きぶりに、英軍は驚嘆していた。

ばならなかった。重量増加は、ローラーのキャップを外し、泥や砂礫、水といった付加物を充填することでおこなわれた。地雷処理戦車の装着ブラケットは恒久的に取りつけられたものであったが、ローラー・アタッチメント（AMRA）は作業場所までトラックで運ばれた。ローラー・アタッチメント（AMRA）を戦車で牽引する案も検討されたが、操縦が難しくなることから却下されている。

架橋戦車
Bridge Laying

架橋装備実験局が、戦車用の折り畳み式携行戦車橋を開発した際に、初の量産車台として選んだのはカヴェナンターであった。54両がイーストリーのサザン・レイルウェイ社に発注され、さらに30両が他社へ発注された。改造ベースに用いられたのは新品のカヴェナンターで、砲塔を搭載しない状態で生産工場から直送された。

「30フィート戦車橋No.1」として知られるこの機材は、全長（展開長）は34フィート（10.3m）で、30フィート（9.1m）幅の川や壕に架橋することができ、荷重24トンまで通過させることができた。架橋の敷設、撤収作業は、主エンジンにより駆動されるスクリューネジ装置により、操縦手の操作で全自動でおこなうことができた。架橋戦車は各機甲旅団本部に3両が配備された。乗員は2名で、自衛用の固定武装は装備されていない。

1944年には荷重を30トンに向上させた軽合金製の戦車橋が開発された。しかしこの頃に、現役としてカヴェナンター架橋戦車が残っていたのはオーストラリア軍とニュージーランド軍だけであり、新型戦車橋が同軍の手に渡ったのかは不明である。なお、クルセーダーの架橋戦車は作られなかった。

1944年5月にDデイのリハーサルとしておこなわれた「ファビウス」演習において、LCT（4）揚陸艇から発進するクルセーダー対空戦車MkⅠ。対空戦車はさらに1門のボフォース機関砲を牽引し、砲班員と歩兵の一団は足を濡らさずにすむように戦車に跨乗している。

砲塔を8時の方向に向けた、クルセーダー対空戦車MkⅠ試作車。ベニヤ板で継ぎ足された装甲板に注意。

ノルマンディで戦った、エリコン三連装機関砲を搭載する公式記録の無いクルセーダー対空戦車の一両。戦車は壕に収められ、前方には野営および弾薬庫用のシェルターまで作られている。

水陸両用戦車
Amphibious Models

　架橋手段に替わる、より広い河川障害を克服する方法は浮航手段である。浮航戦車の改造にはクルセーダーが使われ、上面が塞がれた一対の大型ポンツーン(鉄舟)を、戦車の左右に固着する方式であった。ポンツーンの装着は人力だけでは手に余るものがあり、「アサートン・ジブ」と呼ばれる携行式ジブクレーンが砲塔に取りつけられ使用されたが、それでも作業は大変だった。水上に乗り出した後は、パドルの役目を果たす履帯に取りつけられた特製ブレードにより推進力を得た。

　カヴェナンターには浮航装置が作られなかったが、こちらはイギリスが大戦中に開発した唯一の水陸両用戦車のベースとなった。「中戦車A/T 1」として知られるこの水陸両用戦車は、カヴェナンターの砲塔をかなりの深さをもつ車体に載せたもので、メドウズ水平対向12気筒エンジンは、その一番底におかれた。全長24フィート(7.3m)、全幅13フィート(4m)、全高11フィート(3.4m)のその姿は地上では不格好で目立つものであったが、浮航に問題はなかった。サウスウェールズ州ニューポートのブレイズウェイツ社で製造された同車は、リベット接合方式で組み立てられすべて

砲塔を左に向けエリコン機関砲に仰角をかけたクルセーダー対空戦車Mk II。車長ハッチ周囲の装甲板、無線アンテナ・マウント、砲塔天井のスロットから突き出した、主砲と連動する照準機架などのディテールに注意。

クルセーダー5.5インチ自走砲テスト車。操縦手席とギアシフト・レバーが、右フェンダーのエアクリーナーのすぐ上に見えている。砲の占めるスペースの大きさがよくわかる。

A/T1*の透視図。車内容積のきわめて大きなことが見てとれる。履帯内周のスポンソン部は空間のままとされ、浮力を増す手段のひとつとされた。

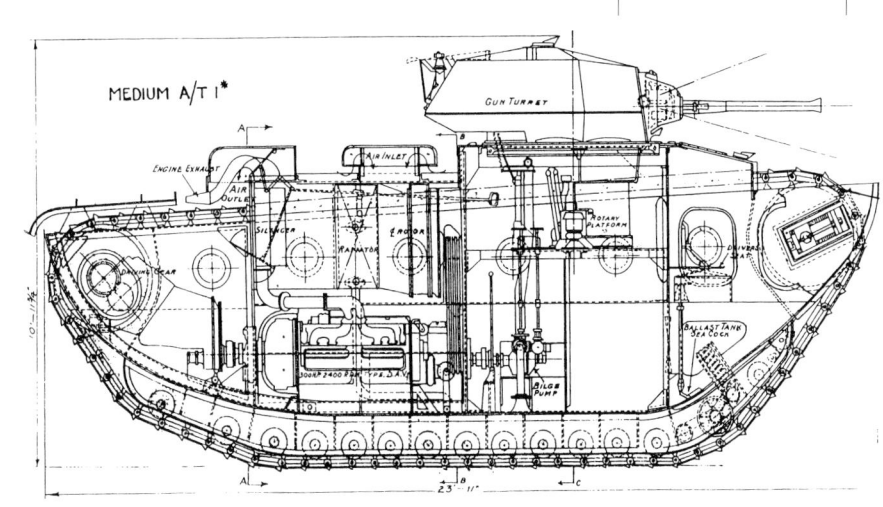

の接合部には防水コーキング処理が施された。最大装甲厚は40mm、重量は31トンである。

　サスペンション機構をまったくもたなかった原型車に続いて、車体前部の第1、第2転輪間に緩衝スプリング付きのジョッキーローラーが装着された「A/T1*」が登場した。これは原型車をリビルトしたものと思われる。その次には、第1転輪と最終転輪を除くすべての転輪にチャーチル戦車式のコイルスプリング・サスペンションを装着した「A/T1**」が作られた。これを改修した「A/T1***」も作られたのだが、こちらはその概要すら判っていない。

　はじめの二車の仕様に関しては記録が残っている。A/T1*は通常型の変速機にカヴェナンターのウィルソン式操向装置を搭載していた。A/T1**では、より滑らかなギアチェンジを可能にするシンクレア・シンクロ・セルフ・シフティング（SSS）システムが搭載されていた。どちらの変速機にも、さらに高低二段変速の補助変速機が備えられていた。高速

ギアは、理論上は地上で20マイル／時(32km/h)を出せるものであったが、浮航用として指定され水上航行速度5マイル／時(8km/h)を記録した。ギアの破損を避けるために、上陸後の走行とりわけ不整地では低速ギアが使われた。低速ギアでの最高速度は10マイル／時(16km/h)であった。またどちらの車両にも、回転する履帯が着岸した際に生じる強烈なショックで動力系が破損するのを防ぐために、トランスミッションに流体カプリング機構が組み込まれていた。

浮航時の喫水は5フィート6インチ(1.65m)であったが、喫水線から甲板までの乾舷の高さは15インチ(38cm)とまずまずであった。乗員は5名で、操縦手、砲塔要員3名、それに海員用語でいう「エクストラ・ハンド」(助手)が前部区画に収まっていた。間違いなく、この助っ人の仕事は、バラストタンクの注排水コックを操作することにあった。タンクは船首に近い奥深くにあり、着岸上陸時のトラクションを増す役割を担っていた。これは戦車が岸に近づくにつれて、バラストタンクに注水することで戦車を前下がりの状態にして履帯を押しつけ、水底の砂地にしっかりと噛ませようという仕組みであった。

地上走行試験はサリー州のチョバムで、浮航試験はサウス・ウェールズ州のバリー島沖でおこなわれた。試験官は戦車のエンジン配置を問題視し、整備作業が困難であるとの報告を上げた。これは今さら驚くにはあたらなかった。船尾寄りの船底におかれたエンジンは、2枚のドアをもつバルクヘッドにより仕切られた、狭い機関室に押し込められていたからである。

その一方で、クルセーダーには上陸用艦艇から海岸までの短い距離を走行するための、渡渉装置が開発されていた。しかし、実戦でこれを使用したのは、対空戦車や砲牽引車といった一部の特殊車両だけであった。

対空戦車
Anti-Aircraft Model

1941年9月、王立砲兵(RA)のために、40mm ボフォース高射機関砲を搭載する対空戦車を開発することが決定された。当初の合意では、砲要員の防護は限定的なものに止め、高射照準算定装置を車載することものぞまれた。

クルセーダー初期型の車台(T44381)を使った試作車は、複雑な形状の砲盾をもっていた。これはのちに高さを増して防護力を高めるアイデアを受けて、合板による仮設の継ぎ足しがなされた。1943年3月、機械化実験局でのテストの結果、砲塔構造が不整地走行のショックで緩む欠陥のあることが判明した。戦車設計部は解決策を検討し、1943年7月に改良型砲塔をもつ2号車(T124559)を完成させた。この作業の間、戦車設計部は外部機関であるモーリス・モーターズ社の設計した砲塔の手直しを引き受けさせられたことに、声高に不平を鳴らし続けた。砲塔軸受けローラーの数は増やされ、重量軽減のために装甲板の高さが抑えられたが、出来映えは満足のゆくものではなかった。

量産型であるクルセーダーⅢ対空戦車MkⅠは、その名の通りクルセーダーMkⅢの車台を使用するものであった。砲盾は簡素な四面体で、開放された上部は防水カンヴァスが覆う構造となっていた。砲架は砲塔リングの真上におかれ、砲の俯仰および旋回は、エンフィールド250cc 2気筒エンジンによって駆動される油圧システムを使って、ジョイスティックで操作された。乗員は操縦手の他に、砲塔内で配置につく照準手と装填手で構成された。照準手は車長を兼ね、また装填手は前におかれたNo.19無線機を操作した。

試験の結果、車載ボフォース砲には、期待されたほどの性能のないことが判明した。もちろん、王立砲兵(RA)に配備されることを前提として開発されたので、はじめから行軍中の臨機射撃を要求されていたわけではなく、それゆえ補助エンジンの存在は重要であっ

た。問題は、低空を飛来する目標への追随能力にあり、また水平な場所以外では砲塔の旋回ができないことにあったのである。それでも契約は締結され、少なくとも215両が発注された。

クルセーダーIII（対空戦車MkII）
Crusader III（A.A.Mk.II）

この間、王立機甲軍団（RAC）も対空戦車の研究をおこなっていた。機関銃を複数挺搭載した軽対空戦車はすでに存在していたが、小型で手狭であり射程も限られることから不評であった。

ドイツ軍が対戦車攻撃機を投入したことから早急な対応策が求められ、エリコンの20mm双連機関砲を主武装とすることに注目が集まった。機関砲の発射速度は450発／分であり、砲口初速は2725フィート／秒（828m/s）であった。弾種には榴弾（HE）、焼夷弾、訓練弾が用意され、それぞれに弾底曳光剤付きのものもあった。

クルセーダーIII対空戦車MkIIは、1943年夏にモーリス・モーターズ社によって開発され、試作車は6月にテストに供された。武装は、単層の装甲板で作られた背の低い多面体の砲塔に収められ、その形状はボフォース砲型よりもはるかに車体とマッチしていた。乗員は4名で、操縦手、装填手2名、砲手で構成され、砲手はまた車長と無線手役も兼任した。搭載弾薬数は600発であり、一部は60発入り弾倉にこめられていたが、弾倉が大きくてかさばるので使用後は砲塔内で手動再装填がおこなわれた。パワー・マウンティングス社が開発した高速作動式の俯仰・旋回装置が装備されていたが、この装置は練達の砲手の腕をもってしても慣性の働きで目標を追い越してしまう傾向があり、最大旋回速度は10度／秒に抑えられた。砲塔内のスペースは限られているため、砲塔乗員はきわめて窮屈な思いをしていた。

試験結果はすぐにフィードバックされ、クルセーダーIII対空戦車MkIIIとして完成をみた。

バリー島沖を浮航するAT/1*の写真。舞い上がる波しぶきのために、操縦手は方位誘導を車長に頼らなければならないことだろう。

砲塔は改良され、とくに砲手配置の開口部周囲の装甲板が高くされて、防護力が高められていた。また、無線機が操縦手の左側に移され無線手を兼務することとなったので、砲手の負担は軽減された。まったく説明がないのだが何らかの理由に基づき、武装には装甲ジャケットで保護されたヴィッカーズK.303機関銃が追加された。なおボフォース砲型とは異なり、砲塔用の油圧システムの駆動力は戦車の主エンジンからとられていた。そもそもクルセーダー対空戦車MkⅡ／MkⅢは、機甲部隊への随伴支援を前提として開発されたため、つねに機動を続ける必要が合ったので、主エンジンを回し続けなければならないことはとくに問題視されなかったのである。

　この説明で、対空戦車は走りながら射撃をおこなうものと誤解された方は、以下の一文により考えを正していただきたい。公式の試験報告書に、メッセンジャー大佐は「対空戦車が走行中に射撃することは不可能である。検討の余地はまったくない」と記している。実際、対空戦車の命中率は停止時においてもそれほど優れたものではない。ガンカメラを装備した車両による、ウェアハム・コモン（入会地）におけるハリケーン戦闘機と、チャーチーでの缶を天井に載せたジープを相手とした試験により、高速で移動する目標を正確に追尾することの難しさが確認され、また、砲塔は水平な場所でのみ円滑に旋回することがふたたび確認された。

　記録によれば、MkⅡとMkⅢは合計約600両が生産されたとされているが、個々の生産数を示す資料は存在していない。写真による識別は砲塔上面が写っていなくても簡単で、無線アンテナが車長配置の左右に見えるのがMkⅡ、車体前部に見えるのがMkⅢである。1944年型編制では、機甲師団の司令部と機甲旅団の本部には、それぞれ2両の対空戦車が装備された。また、機甲連隊の本部には6両が装備された。Dデイ以降、北西ヨーロッパ

クルセーダー・ドーザー戦車の後面。ドーザーブレードは持ち上げられ、ふたつの装甲ハッチは開放されている。

戦線で撮影された対空戦車の写真の多くは、ヴィッカース機関銃の増設されたMkⅢのものである。しかしイギリス空軍の働きもあって対空戦車の活躍の場は少なく、じきに前線から下げられる結果となった。それでも、その後に作られた1945年型編制表上には、いまだクルセーダーMkⅡ／MkⅢの名が載せられていた。

　1944年6月のDデイの少し前に、王立砲兵(RA)はもうひとつのクルセーダー対空戦車を完成させたが、これに関しては記録も写真もあまり残っていない。トレーラーやトラックに車載されたものも確認されている砲架は、20㎜ エリコン機関砲を上下三連装にしたものである。砲手は砲架左の小型の装甲ハウジングの中に位置したが、砲架全体は暴露されたままであった。装塡手は砲架の近くに位置した。王立砲兵(RA)の慣習にのっとり、同車は砲陣地を守るための、固定防空砲台として使われることになっていた。このことは補助エンジンによる動力供給の必要を意味しており、余剰兵器となったボフォース対空戦車が転用された可能性も否定できない。王立砲兵(RA)のDデイの報告書は、上陸海岸における20㎜三連装機関砲の活躍を伝えているが、これまでに発見された同兵器に関する公式のコメントはこの報告書だけであり、兵器の制式名称すら記録されていない。

対戦車自走砲
Anti-Tank 'SP' Variations

　ドイツ軍のアイデアに触発されたことで、イギリス軍は1942年の夏に対戦車自走砲の研究に着手し、クルセーダーもその最初の車台候補のひとつに選ばれた。すでに、チャーチルは機械的信頼性の低さを理由に外されており、バレンタインはこの段階では候補に挙げられていなかったようである。クルセーダーは改造による重量増加に耐えることができ、出力重量比も申し分なく、また供給にも余裕があった。

　しかし、完成の急がれたことが、さまざまな問題を生む原因となった。設計上の一番の問題点は、備砲となる17ポンド対戦車砲の砲架にあった。砲架を手直しする時間はなかったので、42インチ(107㎝)もの砲身後座長はそのまま受け入れざるをえず、自走砲として仰角を確保するためには、砲を理想とされるよりも高い位置に据えなければならなかったのである。そのため地上からの砲耳位置は、7フィート6インチ(225㎝)という高さになってしまった。このためトップヘビーになることを嫌って、砲盾による防護は前方のみとされたため、砲操作員の側背はがら空きの無防備となってしまっていた。即用弾薬は装甲弾薬庫に収められ車体後部におかれた。改造作業そのものは、鉄道の整備工場でも実施可能な簡単なものと判定されたが、実際におこなわれることはなかった。

　あとで述べるアルゼンチン軍の改造自走砲を除けば、クルセーダー改造の自走砲は戦後に製作された、5.5インチ中砲(訳注22)を搭載した一例しかない。改造にいたる経緯は明らかではないが、FV300開発プログラムに関連したテスト用急造品だったのであろう(訳注23)。砲は車体前部の一段下がった戦闘区画におかれ、砲口は機関室デッキ越しに後ろへ向けられていた。戦闘区画は車体前端まで延ばされたデッキとなっていたので、操縦手席はエンジン隔壁と背合わせの車体中央右側に移されていた。そのため、操縦手の視界は砲によりほぼ完全に遮られている。また、エアクリーナーは明らかに発砲ブラストによる破損を免れる目的で、左右フェンダー中央に移設されている。

その他の派生型
Other Variants

　チュニジア戦の戦訓から、新型の17ポンド対戦車砲の牽引は従来型の四輪駆動式牽引車には荷が重いことが判り、全装軌式ないしはハーフトラック式牽引車の開発が求めら

訳注22：英軍独特の呼称で、野砲は師団砲兵の装備する25ポンド砲(口径87㎜)、中砲は軍団砲兵の装備する5.5インチ砲(口径140㎜)をさす。第二次大戦当時、師団砲兵は口径105㎜、軍団砲兵は口径150㎜というのが一般化したが、イギリスの砲が他国よりも小口径なのは、大量に消費される弾薬の供給を考慮した結果、砲弾の材質に低グレードの鋼鉄が選ばれたことによる。砲弾の強度が低ければ発射火薬の力も落とさなければならず、小口径化したのである。

訳注23：FV300シリーズは、1946年に開発着手された新軽戦車ファミリー構想である。しかし、前面装甲厚わずか50㎜の軽戦車をいまさら作ることの意義が問い質され、1953年に廃案となった。

カークビーのロイヤル・オードナンス火薬工場の大火後、不発弾の処理に出動した改良型クルセーダー・ドーザー戦車。備えを固めたかいもあって、1名の犠牲者も出さずに作業を完了することができた。

　れた。
　さまざまな試案の中から、クルセーダー砲牽引車MkⅠが完成した。6両の砲塔付きクルセーダーを使っての英本土での試験で、同車には充分な牽引力のあることが確認され、試作車1両に続いて多数の量産車が生産されたが、生産数は記録に残されていない。
　改造は思い切ったものであった。車台のエンジン隔壁から前の部分は、操縦手と車長および砲班員6名を収容する、装甲厚14mmのオープントップ式兵員区画に作り替えられた。弾薬は左右後部フェンダー上の弾薬ロッカーに収納されるか、弾薬箱ごと兵員区画内に搭載された。変速機区画デッキ上には17ポンド対戦車砲の予備タイヤ1個が積載された。エアクリーナーはドラム型のもので、機関室デッキ前方に配置された。また、対戦車砲の空圧ブレーキを作動させるため、操向ブレーキ装置用のエアーラインからの供給コネクターが設けられていた。
　部隊での評判はきわめて上々で、砲の据え付けを容易にするための車体前部への牽引フック追加が要求された。しかしすぐに、ガバナーにより最高速度が27マイル／時(43km/h)に抑えられていたにもかかわらず、不整地走破スピードがあまりにも高すぎて対戦車砲を痛めてしまうことが判明した。装備を満載すれば、砲牽引車の重量は砲塔付きクルセーダーと同じ程度になったが、それでもなお牽引車は軽快な動きを見せた。Dデイ以降のヨーロッパ戦線では、砲牽引車の一部は砲兵中隊長により、高機動力を有する砲兵偵察・指揮車として用いられ、唯一指摘された難点は迫撃砲火に対する脆弱性だけであった。
　装甲工兵車(AVRE)の開発初期段階において、ピタード・スピゴット式臼砲(訳注24)の車載試験にカヴェナンターが用いられている。この他に、王立工兵(RE)用の特殊車両として作られたものには、アビンドンのMGモーターズ社が開発したクルセーダー・ドーザー戦車がある。車体上部構造は一新され、砲塔リング開口部はデッキとして塞がれた。ここから突出するかたちで、車長と操縦手用の装甲天蓋がおかれ、またドーザーブレード支持アーム

訳注24: 口径290mmの砲口装填式臼砲で、コンクリートトーチカ爆砕用の40ポンド爆弾を発射する。

油圧式アクチュエーターのテストをおこなうクルセーダー・ドーザー戦車。

右●首都ブエノスアイレスでのパレードに参加したアルゼンチン軍の改造自走砲。車体はほぼクルセーダー砲牽引車のままで、装備された砲を囲んで装甲板が追加されている。手前の自走砲はシュナイダー105mm砲、後続の自走砲はボフォース・75mm砲(砲身長=30口径)を装備している。

下●17ポンド対戦車砲とリンバー(前車)の牽引実験をつとめるクルセーダーMkⅢ。

を装着するブラケットが車体両側面に設けられた。ドーザーブレードの上げ下げはウインチによる自重式で、戦車のエンジンにより駆動されるこのウインチは戦闘室におかれ、ケーブルは車体前部のジブを介してブレードに繋がれた。

カークビーのロイヤル・オードナンス工場の大火後の不発弾処理では、クルセーダー・ドーザー戦車の1両が改造を受け投入された。ドーザーブレードは固定され、車体前部には増加装甲と土嚢による強化が施された。また熱で不安定になった爆薬を載せる運搬台を車体前方に突き出すために、ジブが延長された。

油圧駆動式のドーザーブレードを試作するためにクルセーダー砲牽引車が改造されたが、セントー・ドーザー戦車に至るまで量産車はすべてウインチ式を採用したので、実用化はされなかった。

イギリス以外でカヴェナンター架橋戦車を採用した国は、オーストラリアとニュージーランドである。ニュージーランドは13両を保有し、戦後もずっと使い続けたようで、活動歴は不明だが整備記録が残っているはずである。オーストラリアは8両を保有し、特殊装備中隊に装備してブーゲンビルとバリクパパンで実戦投入した。これがカヴェナンター系列の実戦参加の唯一の例であろう。

クルセーダー砲牽引車の内、もっとも数奇な運命をたどったのはアルゼンチンが戦後に購入した一群である。これらの一部は自走砲として改造され、戦前製の75mm砲もしくは105mm砲1門と、マドセン機関銃3挺が搭載された。自走砲の詳細は不明であり、写真も数枚しか残っていない。それを見る限りでは、兵員区画は上方に継ぎ足され、主砲は車体中心線上、前面ハッチ間のすぐ上に装備されている。戦闘室はおそらくオープントップ式であろうが、重量的には設計限界に達しているはずである。

カラー・イラスト解説 The Plates

（カラー・イラストは25-32頁に掲載）

図版A1：戦車 A13 Mk Ⅲ　巡航戦車Mk Ⅴ カヴェナンター試作2号車

クリューのロンドン・ミッドランド＆スコティッシュ・レイルウェイ社工場を出たばかりの、カヴェナンター試作2号車。鉄道世界の伝統に従って、戦車はフォトグラフィック・グレイに塗られ、各車輪のリムはホワイトで縁どられている。円形の紋章は、ロンドン・ミッドランド＆スコティッシュ・レイルウェイ社のもの。

図版A2：戦車 A15　巡航戦車Mk Ⅵ試作車

クルセーダー試作初号車は、カヴェナンター試作2号車のような塗装を施されなかった。同車はファーンバラの機械化試験局に送られたが、おそらくは、カーキブラウンと呼ばれる標準迷彩色No.2で塗装されていたものと思われる。当時、英本土にあった軍用車両のほとんどは、この色で塗られていた。唯一の飾りは陸軍省登録ナンバーのT3646だけであるが、書き方はかなり風変わりなもので、ブラックの地に古いカーキグリーンNo.3で数字が書かれたものと思われる。砲塔側面のレッドの三角形マークは、戦車が軟鋼で作られた非装甲車両であることを示す警告プレートである。

図版B：カヴェナンターMk Ⅲ　「近衛」機甲師団 「近衛」機甲旅団本部

「近衛」機甲師団第5「近衛」機甲旅団本部所属のカヴェナンターMk Ⅲ。師団マークの「エヴァー・オープニング・アイ」は第一次大戦で同師団が使用したマークを基に、「ウェールズ近衛」連隊第2大隊に所属した画家レックス・ホイッスラーが手直ししたものといわれている。その他のマーキングとしては、部隊識別番号、ブリッジクラスナンバー、レッド／ホワイト／レッドの敵味方識別が描かれている。塗装はカーキブラウンの基本色の上に、ダークブ

ラウンの帯状迷彩が施されているが、2ポンド砲砲身と防盾の下部は影をうち消すためにホワイトで塗られている。前掲のカヴェナンターMkIの上面写真と比べると、エアクリーナーや排気管の配置の違いがよく判る。

図版C1：クルセーダーMkⅠ 第10機甲師団
第8機甲旅団 第3王立戦車連隊（RTR）

第10機甲師団第8機甲旅団第3王立戦車連隊（RTR）所属のクルセーダーMkⅠ。塗装はサンドの基本色の上にチャコールグレイの帯状迷彩を施したもの。第2、第3転輪がチャコールグレイで塗りつぶされているのは、戦車を大型トラックに見せかけるための偽装である。第二次エル・アラメイン戦後、第10機甲師団は再編のためにアフリカを離れたが、第8機甲旅団は残りチュニジア戦まで戦った。

図版C2：クルセーダーMkⅡ 「ザ・セイント」号
第1機甲師団 第2機甲旅団
「第10王立軽騎兵」連隊A中隊

第1機甲師団第2機甲旅団「第10王立軽騎兵」連隊所属のクルセーダーMk.Ⅱ。サンドの単色塗装だが、この色は戦車兵の一部にはライトストーンと呼ばれた。師団マークの白犀のマーキングに加えて、レッド地に「67」のナンバーは、同連隊の師団内における位置付けを示しており、先任旅団の下位連隊にあたることが判る。A中隊を示す三角形は、下位連隊所属を示すブルーで塗られている。［訳注：北アフリカ戦時の英機甲師団は2個機甲旅団から構成され、先任旅団はレッド、下位旅団はグリーンで示された。機甲旅団内の3個連隊は、第1先任連隊がレッド、第2先任連隊がイエロー、下位連隊がブルーで示された。図形表示の中隊マーキングは、本部が菱形、A中隊が三角形、B中隊が四角形、C中隊が円形である。ただし損耗や部隊の再編によりマーキングのない場合や、公式ではない色の用いられた場合も多い］

図版D：クルセーダーMkⅢ 第6機甲師団
第26機甲旅団 「第2ロジアン＆ボーダー騎馬」連隊

チュニジアで戦った第6機甲師団第26機甲旅団「第2ロジアン＆ボーダー騎馬」連隊所属のクルセーダーMkⅢ。「トーチ」上陸作戦のために英本土から直接出撃した車両の特徴で、ブロンズグリーンで塗装されている。車体内部はシルバーで塗装されていた。師団マークの籠手のマーク、小隊番号を中に記した中隊マーキング、レッド／ホワイト／レッドの敵味方識別が描かれている。同旅団はこの戦いで通常と異なるカラーのマーキングシステムを使用したが、その詳細は明らかとなっていない。戦車はティケールミット二輪ロタトレーラーを牽引可能で、この燃料ポンプを内蔵するトレーラーは予備弾薬に加えて、ドラム型の車輪にそれぞれ60ガロン（約273リッター）のガソリンを積むことができた。

図版E：カヴェナンター架橋戦車 第9機甲師団
第22機甲旅団 「第13／18軽騎兵」連隊

英国本土での第9機甲師団第22機甲旅団「第13／18軽騎兵」連隊所属のカヴェナンター架橋戦車。塗装はカーキブラウンの単色で、イエローの十字マーキングは演習における対抗部隊（敵役）であることを表している。レッドの四角地にホワイトの「52」のナンバーからは、先任旅団の2番目の連隊である第2先任連隊、ホワイトの菱形からは連隊本部所属であることが読みとれる。折り畳み式架橋の両側に陸軍省登録ナンバーの描かれているのに注意。

図版F1：クルセーダーMkⅡ 指揮戦車 「トーラス」号
第11機甲師団司令部

英本土の第11機甲師団司令部所属のクルセーダーⅡ指揮戦車、「トーラス（牡牛座）」号。前面および操縦手天蓋側面に増加装甲を施している。車両ネームが大きくホワイトで描き込まれている他は、マーキングは車体前面と右側面にわずかに描かれているだけである。車両ネームは、師団長サー・パーシー・ホバート自らが選んだ師団マーク「突進する牡牛」にちなんだもの。黒地に「40」のナンバーは師団司令部所属車を示している。

図版F2：クルセーダーMkⅢ対空戦車MkⅢ
「スカイレイカー」もしくは「ザ・プリンセス」号
第7機甲師団 第22機甲旅団 第1王立戦車連隊（RTR）

1944年6月の、第7機甲師団第22機甲旅団第1王立戦車連隊（RTR）所属のクルセーダーMkⅢ対空戦車MkⅢ。車体前部の無線アンテナと左フェンダー前端の増加収納箱から、同車であると識別できる。1両の戦車にふたつのネームが与えられることは珍しい。砲塔天井の円縁付きホワイトスターのマーキングは、この当時、フランスにあったすべての連合軍車両に描かれていた。マーキングは他に、ブリッジクラスナンバー、旅団のシンボルマークと組み合わされた識別ナンバー、有名な「トビネズミ」の師団マークで構成されている。

図版G：クルセーダーMkⅢ砲牽引車
部隊名不詳の機甲師団 対戦車連隊 第3中隊B小隊

17ポンド対戦車砲の牽引にあたる、機甲師団所属の王立砲兵（RA）対戦車砲連隊の牽引車。レッドとブルーの分割地にホワイトの「77」のナンバーは、1944年当時の機甲師団所属の対戦車連隊であることを示す。対戦車連隊は3個中隊から成り、その各々が3個小隊を有し、A小隊は自走砲、B小隊、C小隊は牽引砲（17ポンド対戦車砲）を装備していた。中隊番号はブルーの戦術サインにおかれたレッドの四角の位置で示され、この場合は第3中隊を表している。戦術サインにホワイトで描かれたアルファベットとナンバーは小隊の何番砲であるのかを示すもので、B小隊の一番砲であることが判る。なお、対戦車砲の砲盾にはこの戦術サインだけが描かれている。

◎訳者紹介

三貴雅智（みき まさとも）
1960年新潟県新潟市生まれ。立教大学法学部卒。超硬工具メーカー勤務を経て『戦車マガジン』誌編集長を務めたのち、現在は軍事関係書籍の編集、翻訳、著述など多彩に活躍。著書として『ナチスドイツの映像戦略』、訳書に『武装SS戦場写真集』『チャーチル歩兵戦車 1941-1951』『マチルダ歩兵戦車 1938-1945』があり、ビデオ『対戦車戦』の字幕翻訳も担当。『SS第12戦車師団史・ヒットラーユーゲント（上・下）』『鉄十字の騎士』の監修も務める。また、『アーマーモデリング』誌の英国AFV模型製作の連載記事「ブラボーブリティッシュタンクス」の翻訳とインターネットサイト紹介コラム「ミリタリー・ネットサーファー」執筆も担当している。（いずれも大日本絵画刊）

オスプレイ・ミリタリー・シリーズ
世界の戦車イラストレイテッド **16**

クルセーダー巡航戦車
1939-1945

発行日	2002年8月10日　初版第1刷
著者	デイヴィッド・フレッチャー
訳者	三貴雅智
発行者	小川光二
発行所	株式会社大日本絵画 〒101-0054 東京都千代田区神田錦町1丁目7番地 電話:03-3294-7861　http://www.kaiga.co.jp
編集	株式会社アートボックス
装幀・デザイン	関口八重子
印刷/製本	大日本印刷株式会社

Ⓒ1995 Osprey Publishing Limited
Printed in Japan
ISBN4-499-22788-7　C0076

CRUSADER CRUISER TANK
1939-1945
David Fletcher

First published in Great Britain in 1995,
by Osprey Publishing Ltd, Elms Court,
Chapel Way, Botley,
Oxford, OX2 9LP. All rights reserved.
Japanese language translation
©2002 Dainippon Kaiga Co.,Ltd.